カーなべ

Toshifumi Watanabe

上

渡辺敏史

CAR GRAPHIC

装画　師岡とおる
装幀　アチワデザイン室

まえがき

まずは店頭にてこの本をお手にとってくださった皆様に、心からの御礼を申し上げます。
ここに載っているコラムは、拙が自動車をとりまくあれこれを題材に、２００５年～13年にかけて週刊文春の誌上にて綴っていたものです。概ね８年にわたっての文字を束ねますとそれなりの量になってしまい、上下巻という体裁をとらせていただくことになりましたこと、ご了承いただければと思います。

株式会社文藝春秋のＹさんは、しがない自動車ライターである僕の何に刺さってくれたのか、上司に折衝を繰り返し、週刊文春という場に連載の隙間を確保する道筋をつけてくれました。ちなみに「カーなべ」という明快なタイトルも、彼の閃きによってつけられたものです。

いち売文業として、週刊文春に連載の場をいただけるということは実に有難いことです。社会的な保証のない仕事であるがゆえ、雑誌では一番売れているとかいうそれから業務証明がいただけることで、憧れのクルマを買うために、いや、着実な人生設計のために銀行からお金を借りる上でも多少はプラスに働きます。そんなものですから、連載期間中は隙あらば中古車情報を眺めては卑しいことばかり考えていました。

が、一方で、その仕事に重荷はなかったわけではありません。百戦錬磨の読者層に加えて、百戦錬磨の連載陣が控える週刊文春の一隅で、果たしてクルマのネタで毎週どこまで引っ張れるわけよ、その前にどうやって目に留めてもらうわけよと。

残念ながら、それにまつわるとっておきの策は思いつきませんでした。こうなると卑しいことなんか考えてる場合ではありません。いつ打ち切りになるかわからないという恐怖の中、借金でランボルギーニを買うほどの度量は、結局僕にはありませんでした。

ともあれ連載の延命は、どうにかして固そうな読者層に気に留めてもらうしかない。そこで思い出したのは、男性主導と思わしき週刊誌とて、今や読者の半数は女性だと思った方がいいと言われたことでした。

半分女子。そのキーワードが、僕にとってかねてからの鬼門であった銀行と、なぜかツルッと繋がったわけです。

銀行や病院での著しく不毛な待ち時間を潰すべく、常備の週刊誌をぼやーっと読んでるのは得てしてオバちゃん。そしてそれは、推定年齢50才前後くらい。というわけで、僕の仮想読者像はほどなく定まりました。

齢50のおかんが銀行に行って整理券握って暇つぶしに文春読む時に、何かひとつ、クルマにまつわる小ネタを摘んでもらえればいい。それであれば、読み手の大半はカバー出来るはずだと。

かくして枕半分以上、実益1／3と食玩のようにいびつなパッケージの基本形が出来上がったわけです。今回、まとめるにあたってそれぞれを改めて読み返してみると、んまぁくどい。呆れるほどくどい上に馴れ馴れしい。何より、これまで本にまとめなかった最大の理由だった「ネタやヨタの腐敗」は、懸念を超えるほど進行していて、もう処置なしの状態でした。これ、本当に出すの……？という恥のついでに校正は大きく加えておりません。基本的には史実の確認ということで、時折出てくる意味不明な固有名詞等はＷｅｂで検索いただきながらご覧いただければと思います。目に留まるのか？　という心配は、８年間にわたって挿絵をいただいた師岡とおるさんの独創的なアートワークでまったくの杞憂に終わりました。クルマのこと、毛ほども知らないんすよ……というう氏の現在の活躍は、皆さんもきっとどこかで目にされているはずです。今回、この本の装丁では師岡さんが温存していた意外な芸風を思い切り放っていただきました。

こんな瑣末な内容だというのに、出版社にわざわざ帯まで巻いてもらえたのは、小山薫堂さんに一筆したためていただいたおかげでしょう。分刻みで予定をやり繰りする恐ろしく忙しい身でありながら、クルマに限らず素敵な趣味道を楽しんでいらっしゃる、その姿をみると、時間は作るものという根性論まがいの言葉もあながち間違ってはいないんだなぁと痛感させられます。

というわけで、クルマというキーワードだけでなんとか繋がれたユルユルな駄文に、しばしお付き合いいただければと思います。そしてもしお気に召しましたら、下巻の側もお目通しいただければ幸いです。

渡辺敏史

カーなべ　上　目次

はじめに — 4
001 キミはミニバンに萌えられるか? — 16
002 50万円の中古車で〝ちょいモテ〟になる — 19
003 体育の成績が〝5〟で勉強もデキル! — 22
004 物わかりのいいオヤジなのかーっ! — 25
005 レクサス　イズ　ナンバーワン! — 28
006 マッスルカーは戦争の香り — 31
007 今夜も車検で眠れない — 34
008 究極の〝動くリビング〟、できました — 37
009 〝レクサス祭り〟の始まる予感 — 40
010 ヘンテコ・ナンバー考 — 43
011 誰でも乗れるスーパーカー時代!! — 46
012 日産に日参するべし — 49
013 国産スーパーカーは永遠に不滅です! — 52
014 渋滞と大腸と僕 — 55
015 乗り味も顔も猫科のクルマ — 58
016 豆腐の角でクルマをぶつける — 61
017 ロードスターのミニスカート — 64
018 ベントレー様との目くるめく一夜 — 67
019 水もしたたる良いクルマ? — 70
020 絶対にエンコしないクルマ〝御料車〟 — 73
021 男同士のウイン・ウイン関係 — 76
022 スズキの〝プロジェクトX〟クルマ — 79
023 カーデザインと尿酸値 — 82
024 太蔵クンの野望 — 85
025 東京モーターショーのスパイ戦争 — 88
026 神様、仏様、ヴェイロン様 — 91
027 オトコが喜ぶ〝エイジング〟 — 94
028 iPodとラジオ深夜便 — 97
029 『北の国から』の運転技術 — 100

030 平和ボケでも軍用車が大好き！ 103
031 ハイブリッド親父 106
032 いつかはポルシェ…… 109
033 お父さんのセダン神話 112
034 走るな、アシモ！ 115
035 タイムサービスで半額！の道路 118
036 与野党逆転！　ベンツとビーエム 121
037 三菱自動車の秘蔵っ子、デビュー！ 124
038 どこぞの芸能人の豪邸に、アウディ 127
039 お父さんの避難場所として 130
040 〝原田の200g〟はいくらなの？ 133
041 高速回転でも震えません！ 136
042 インプレッサという東洋の神秘 139
043 元祖〝ミニバン〟の偉大さよ！ 142
044 外車も安くなったものです…… 145
045 〝ハイエース〟という名のホテル 148
046 実は余裕なんでしょ？　レクサス 151
047 高速道路をカッコよく運転する方法 154
048 マークX、豹変す！ 157
049 911こそローリング・ストーンズ！ 160
050 キラキラできるレンタカー！ 163
051 女性ドライバーはヒール禁止！ 166
052 オペルが「名誉ある撤退」をするワケ 169
053 クルマ買わずにパケットかよ！ 172
054 インテグラよ、おまえもか！ 175
055 なんでレガシィはすごいの？ 178
056 ドライブレコーダー、知ってる？ 181
057 ディーゼルは優秀です、ボス！ 184
058 軽自動車の法則 187
059 レクサスと英語コンプレックス 190
060 ETC事故、多すぎるわ！ 193
061 コルベットZ06 豪腕だけど小食 196
062 ビーエムもビーチクも無制限の国 199
063 新型ストリームでHONDA独走中 202

064 レクサス「LS」になりました —— 205
065 ベンツ様がディーゼルを売るワケ —— 208
066 飲んだら乗れないシステム —— 211
067 軽自動車vs.コンパクトカー —— 214
068 大門軍団の検問 —— 217
069 団塊の世代はレクサス祭り —— 220
070 F1は鈴鹿から富士へ —— 223
071 アルファロメオという会社 —— 226
072 タイヤも韓流 —— 229
073 ダイハツ猛追のワケ —— 232
074 カローラと僕。 —— 235
075 ボンドカーの身売り話 —— 238
076 エンスト・ミッドナイト —— 241
077 新型スカイラインはヤバイ —— 244
078 マセラティという最難関 —— 247
079 うさんくさい燃費 —— 250
080 アウディの芸風 —— 253
081 「自販連」って知ってる？ —— 256
082 フェラーリF599、走る一戸建て —— 259
083 物騒なクルマだヨ！ 全員集合 —— 262
084 免許交付料、値上がりです —— 265
085 パンツ一丁で時速200km —— 268
086 フォルクスワーゲンの飛び道具 —— 271
087 日本にフェアレディあり！ —— 274
088 道路封鎖2007 —— 277
089 クルマの「絶対領域」 —— 280
090 「暖機運転」した方がよか —— 283
091 地球が走ってる⁉ —— 286
092 MINI＝黒船 —— 289
093 カーナビ戦争の予感⁉ —— 292
094 ベンツ様のアンチエイジング —— 295
095 営業マン最速伝説 —— 298
096 センチュリー・電信柱の法則 —— 301
097 インプレッサという幸福 —— 304

098　ＬＳ６００ｈは夢のカツカレー　307
099　マツダの「おむすび」　310
100　いくぜ「ダッジ」　313
101　燃費を良くする運転法　316
102　セカチューなクルマ　319
103　ヘッドライトが眩しい！　322
104　駐車違反フルコース　325
105　サイドウォールに気をつけて！　328
106　プレミオという和の世界　331
107　武闘派シビック、復活！　334
108　「四駆」のメリット　337
109　ジャガー再起動　340
110　大人気！　フィアット５００　343
111　デュアリスで生き延びたい症候群　346
112　クルマは減量してるのに……　349
113　哀愁のカーステ　352
114　渋滞ずんずん調査　355

カーなべ　下　目次

115　首都高はカッコよく乗ろう　10
116　インテリアは欧米か!?　13
117　赤い先物取引　16
118　CO_2モーターショー　19
119　ランクル先生を見習いましょう　22
120　ニッサンＧＴ-Ｒのチラリズム　25
121　阿部典史さんの事故死　28
122　きな臭い「東京モーターショー」　31
123　〝どスケベ〟こそ名車　34
124　脂肪も燃やしてくれ！　プリウス！　37
125　フィットは１位を狙ってます！　40
126　「赤、黄」とセルフで唱えましょう　43
127　「真っ黒」が流行ってます　46
128　ＧＴ-Ｒに乗っちゃった！　49

129 奥さん、ヤバイときは「鬼踏み」です —— 52
130 飲酒運転の撲滅 —— 55
131 日産のサブちゃん —— 58
132 ユーロと油で「値上げ」です —— 61
133 軽自動車の妻たちへ —— 64
134 ピンクと茶色で操を守れ！ —— 67
135 後席シートベルトは義務 —— 70
136 弩級レクサス　ＩＳ　Ｆ —— 73
137 スベらないクルマ —— 76
138 燃費向上！（当社調） —— 79
139 65％の値上げ⁉ —— 82
140 新型アテンザはすごいんじゃ！ —— 85
141 これはクラウンなのだ —— 88
142 黄砂が降ってきた —— 91
143 ジャギュアってなに？ —— 94
144 クルマのダイエット —— 97
145 修理が安くなるカモ —— 100
146 合体！　ライオン・ジャポン —— 103
147 さらばスバル（の軽）よ —— 106
148 気づいて！　プリウス —— 109
149 バスのシートベルトも強制？ —— 112
150 食べ物の恨みは恐ろしい —— 115
151 ガソリン>コーラな時代 —— 118
152 アルファード　アズ　ハイソカー —— 121
153 １３０ｇにダイエット —— 124
154 おお、デジタルの儚さよ —— 127
155 磯野家が一台に！ —— 130
156 スシとマンガとＯＭＯＴＥＮＡＳＨＩ？ —— 133
157 衝撃、ニヒャクジュー⁉ —— 136
158 月1ペースで恋人気分？ —— 139
159 あなたがいないとダメなの —— 142
160 エコランに潜む罠 —— 145
161 魂の叫び　買い物編 —— 148
162 ガチンコ！　当世テクノロジー事情 —— 151
163 クラシックカーは死なず —— 154
164 走る茶室、現る —— 157
165 えーっと、ちゃんとして下さい —— 160
166 四と二の関係 —— 163
167 安すぎるのも考えものです —— 166
168 ムーヴコンテは大阪芸人⁉ —— 169
169 リンカーンは古きよきアメリカの香り —— 172
170 とってもバブリーです……エコが —— 175
171 ＧＴ-Ｒ vs ９１１最速はどっち⁉ —— 178
172 小さくっても守り上手 —— 181
173 これはクルマではない！ —— 184
174 やっちまったぜ　オデッセイ —— 187
175 スナックで1兆円⁉ —— 190
176 オートマの時代が、キターッ⁉ —— 193
177 続けることはいいことだ —— 196
178 迷わず乗れよ、乗ればわかるさ —— 199

179 即断即決　これもホンダ 202
180 祭りの予感なのだ!? 205
181 トヨタの意外な18番!? 208
182 積んで、走れ! 211
183 ピンチの時こそショー! 214
184 84万円の価値 217
185 ギャル曽根がソイジョイ?! 220
186 高速を使えってこと? 223
187 座るところは暖かく! 226
188 車よ、あれが京の灯だ 229
189 眠れる豹、復活へ 232
190 嵐と祭が一緒に来るのだ! 235
191 元祖オイリーボーイに捧ぐ 238
192 Xデー迫る 241
193 今時の3分クッキング 244
194 オシッコとディーゼルが手を組んだ! 247
195 甘い罠は別腹 250
196 ETCと生姜焼きと私 253
197 オシャレも安全も足元から 256
198 ザ・純和風高級車　マジェスタ 259
199 プリウス、フェイズ6です! 262
200 いよっ、待ってました 265
201 渡辺探検隊、秘境へ　前編 268
202 渡辺探検隊、秘境へ　後編 271
203 ハーレムは四角関係!? 274
204 メジャーデビューに戸惑うファン心理 277
205 i-carは妄想なのか 280
206 便利じゃないと続かない! 283
207 ラスト・オブ・桃源郷 286
208 高速道路はナイーヴなんです! 289
209 男の戦い　夏の燃費決戦! 292
210 電池で100㎞!　i-MiEV 295
211 黄金の右足　クルマは友達! 298
212 レクサスにも迫るエコの波 301
213 本気ですが、何か? 304
214 おでんの汁は捨てるな! 307
215 ハコ乗りは文化です!? 310
216 おやつは3時　ハンドルは10時10分 313
217 静かだと困るんです 316
218 見よ!　このコントローラーさばき 319
219 飛び道具は基本があってこそ 322
220 わざわざエンジン音出さなくても…… 325
221 クルマの「色気」ってやつでしょ 328
222 ドイツ、恐るべし! 331
223 高級羽毛布団、カングーでございます 334
224 部長、たくましくなりました? 337
225 クルマだって冬は準備がいるのです 340
226 セダンの逆襲　始まる! 343
227 喧嘩か草食か　明日はどっちだ! 346
228 必殺!　アンキンタン! 349
あとがき 354

本書は、株式会社文藝春秋の刊行する週刊誌「週刊文春」に２００５年5月26日号から２０１０年1月7日号にかけて掲載された渡辺敏史氏による連載『クルマ道楽のナビゲーター カーなべ』をまとめたものです。単行本化にあたっては、連載当時のままを旨とし、加筆・修正は最小限に留めていることをご了承ください。

カーなべ　上巻

001

キミはミニバンに萌えられるか？

盆正月やゴールデンウイークといえば、家に居残る負け組のクルマ好きにとって数少ないお楽しみが「高速道路・大渋滞」のニュースだ。晩酌時にテレビから「50㎞超」の声を聞くと、心の片隅でガッツポーズを決める自分がいる。

でも、近頃そんな休日渋滞にもうひとつ覇気がない。休日の分散化に加えて渋滞情報の浸透やETCの普及もあって、拷問のようなそれは年々減っているという。ヘリまで飛ばして惨事を追ったつもりがすっかりアテの外れたレポーターのやるせない声で飲むビールも、心なしかほろ苦い。ITのもたらした融通の利かない利便性は、休日の晩酌の肴を僕から奪ってしまった。

それでも仕事なんかの帰りに、泣きながらそんな渋滞に突っ込まなければならないこともある。日曜日の夕方に四方をミニバンに囲まれて、ナビもETCもない丸腰のマニュアル車をジリジリと歩くように走らせるのは、辿り着いた料金所でこっちがお金をもらいたくなるほどに辛い仕打ちだ。

こっちも同じ額の自動車税払ってんのに物置みたいなクルマ乗りやがって。前見えねえだろオラ。眠気覚ましに八つ当たりもかましたくなる釈然としないこっちはそっちのけで、一方のミニバンの車中ではサザエさんとニンテンドーの真っ最中だ。

最近のカーナビは、ちょっと余計にお金を払えば後席にも独立したモニターを据えることが出来る。そこに陣取るチビッコは、睡魔で気を失いかけながらハンドルを握る父親の寿命など鼻毛ほども察することなく、アニメやゲームに没頭出来るという寸法だ。恐らく助手席の嫁さんは口と股を半開きにして藤木直人の夢でも見ているのだろう。デジタル社会が生んだ勝ち負けの露骨な境目は、僕と彼らの間だけでなく、彼と家族の間にも鮮明に現れている。

それを買うことは味よりも盛りを重視した無嗜好の人生を意味し、それに乗ることは乗員への隷属を意味する。……と、世に言うクルマ好きの多くがミニバンのことを必要以上に蔑む理由は、そんな調子いいものばかりではない。裏腹に、自分の愛車よりも圧倒的に便利で快適そうなミニバンの能力に対する羨みもそこにはあるはずだ。

以前僕は、その特盛り感になびいて中古のミニバンを買おうとしたことがある。僕だって人並みに、娘さんと広い車内に寝転がって星空のひとつも眺めてみたい。が、脱会を引き留める信者たちのごとく、あっさりそれを周囲から咎められた。今やペタンコのスポーツカーで朝っぱらの山道を走ったりするクルマ好きを張り続けることは、傍目にはカルト同然なのかもしれない。

と、こんなクルマにまつわるどうでもいい日常の戯言をしばしこの場でお話しさせてもらうことになった。電車や便所や寝床でのひとときにでも、ちょっとお耳を拝借できれば幸いである。

002

50万円の中古車で〝ちょいモテ〟になる

男性誌は今「40歳前後をターゲットにしたクオリティライフマガジン」みたいなものがちょっとしたブームだ。そこにクルマの記事を書いているというか細い繋がりだけで、我が家にもそういう本が何冊もある。

1000万円のウオッチに40万円のホテルに、15万円のシューズに50万円のスーツにと……。便所でしゃがんでペラペラと眺めるそれは、とても同じウンコをしているとは思えない生き物の生活と持ち物が目白押しだ。

50万の背広やて、そんな金あったらジャガー買えるわジャガー。

もちろん中古車の話だが、50万円という金額は、僕にとってクルマ購入の基準値だ。今乗っている95年式のレガシィもそう。以前乗っていた90年式のフェアレディZも、79年式のMGミジェットもそう。思えば人生の車歴の半分近くを50万円以内で積み上げている。94年式のマスタングに至っては、どこぞの靴より安い18万円で手に入れてやった。ざまあみろである。

中古車店の店頭にはそんな値札を下げた古今東西のクルマがゴロゴロあり、中にはベンツ、ビーエム、ジャガーといったセレブ志願の大好物も含まれている。

が「激安ポッキリ・買取」ののぼりを掲げた本音勝負のベタな店に掛かれば、かつての高級車とてひとたまりもない。目ん玉のつり上がったやる気マンマンのミニバンや軽自動車に軒先の一等地を陣取られ、端っこの方でポツンと余生を過ごす、首から「50」のポッキリ値札を下げられた15年落ちのジャガー様。かつては夜の帳《とばり》で娘さんを食い散らかしていただろうに……。そのぞんざいななれの果ては、男子の心の中に眠る王様魂にぽつりと火を灯す。

ひと筆で描いたようにスッと尻すぼむ流麗なシルエットも、革と木でぐるんぐるん巻きにされた内装も、ジャガーの佇まいは庶民の人生で出会えるものとは真反対のところにある。これに比べればドイツ車の、図書館みたいな内装などひとたまりもない。そんなジャガーと自分との途方もない距離を50万円でたぐり寄せることが出来る。飼い主を待つ捨て猫を前に、征服欲が湧くのが当たり前だろう。

が、もちろんその値段には理由がある。現行型では払拭されているものの、往年のジャガーはとにかく壊れるというイメージが強い。15年落ちの50万円などはその素質は十分にある。もちろん修理すれば高級車なりの高級な請求書が舞い込むわけで、箇所によっては一発で買値を超えることも珍しくない。多くの人はここで、捨て猫が化け猫だったと気づくわけである。

それでもジャガーとの生活が50万円。そして化け猫に噛みつかれたとしてもその思い出はプライスレス。洒落たメシ屋で2万のワインをこぼしてパーにする背広の50万円と果たしてどちらが幸せなのか。僕には測る物差しがないわけだけど。

003

体育の成績が〝5〟で勉強もデキル！

「新しい3ってどうよ？」

近頃、僕ら自動車関係者の中では、挨拶代わりにこの質問が飛び交っている。

「3」というのはBMWの3シリーズのことだ。バブル期に「六本木のカローラ」として名を馳せたあれの最新型が、この4月にデビューしたというわけである。

その数字を聞いて即座にチョーさんを思い浮かべるのは一般人。立浪を思い浮かべるのが野球好きならビーエムと直結するのがクルマ好き。3シリーズがそこまでの知名度を得たのは、クルマ好きが抱える本音と建前を腹立つくらいに見透かしているからだろう。

そもそもクラウンなんか眼中にないし。

ベンツじゃ近所の陰口も気になるしオヤジ臭いし。

かといってアルファロメオじゃ余りにお盛んだし。

大きいクルマじゃあカミさん運転できないし。

スポーツカー欲しいけど家族乗せられないし。

……思いを巡らせるほどに選択肢が3シリーズに収束する不思議。路地裏でも扱いやすい絶妙な車格にして大人4人がきっちり座れる実用セダンでありつつ、一流のスポーツカーと同質の爽快な走りがもれなくついてくる。ひけらかしで高いのに乗ってるんじゃないという物知った風な主張を匂わせつつ、然るべき場所では姑息に埋没することも出来る。クルマに400万なにがしの金を払おうかという好き者の渡世にとってはムシのいい話が目白押しだ。ＢＭＷブランドの全販売数の半分強が３シリーズで占められるという理由もわかるような気がする。

それだけに、ＢＭＷにとっては絶対に負けられない試合。背番号３汚すまじで臨んだこのモデルチェンジではしかし、彼らへの支持の核心であった寸止めの美学が微妙に揺らいでいた。

何より新しい３シリーズで磨きが掛かったのは体育の点数だ。ホンダと並び「エンジン屋」と評されるＢＭＷが投入した新しい６気筒は、乗り手の胸毛を二割増しでみせるほどの獰猛なサウンドを放ちつつ、安いポルシェくらいの勢いでセダンボディを突っ走らせる。コーナリングの限界性能とかいうような話になればもらったも同然。早くも各地の高速道路で大暴れするサマが目に浮かぶ。

一方で、街中をダラッと流している最中に「いいもん買《こ》うたわ」としみじみ出来る場面は少なくなった。婦女子にはやや重い操作系、特にハンドルの感触もさることながら、最大のネックはクラウンをも上回った車幅が招く取り回しにある。ＢＭＷ側は従来比同等を主張するが、それこそ前型比で一回り大きいものを動かしている感覚は拭えない。

自分にとっても他人に対しても、その踏み止まった凝縮感こそが３シリーズの良さだったのに……。躊躇なく肥大した新しいそれをみると、声がデカいヤツの勝ちみたいな昨今のご時世を代弁しているようで、ちょっと切なくもなる。

004

物わかりのいいオヤジなのかーっ！

ここ1年でガソリンが2割近く値上がりしたせいで、近頃はスタンドに行くことがすっかり億劫になった。

我が家にあるクルマはリッター5㎞前後と今どき不謹慎なくらいに燃費が悪く、1回で80リッター近いハイオクを飲み込む巨大なタンクが付いている。こんな空腹の柔道部員みたいなクルマを連れてそこに行くと、下ろしたての諭吉様とろくに目を合わせることなく惜別することになるわけだ。

俺だって1軒で1万はよう呑まんわ……。

というわけで、小食な小型車に物欲を煽られている今日この頃。中でも惹かれているのは日産マーチだ。たかだか1200ccくらいのエンジンをマニュアルシフトでブンブン回して走れる青春仕様があるというのもひとつだが、一番の理由はそのデザインにある。

毎日矢田亜希子だらけの電車に乗っていれば痴漢もやる気をなくすようなもので、毎月1万台以上も道端に放たれている珍しくもなんともないクルマゆえ気づかないけれど、マーチとその兄弟車にあたるキューブのデザインは図抜けてレベルが高い。数ある日本車の、いや世界のクルマたちの中でも圧倒的と言っても過言ではないと思う。

そんな2台を筆頭に、昨今の日産はデザインで他社に大きな差をつけている。実際、上向いた販売に少なからず影響したのもそれだろう。ティアナもフェアレディZもあのデザインがあったからこそ、日本では商売にならないカテゴリーで善戦出来たわけだ。

……なんて話を仕事先でしていたところ、いきなり異論を挟まれた。

「えーっ、カッコ悪いっスよ日産のクルマって」

論客は齢二十そこいらというデザイナーの助手だ。

「なんか気持ち悪くないっスか？　やたら物わかりのいいオヤジって感じで」

……お前のその、アンガールズみたいなしゃべり方の方がよっぽど気持ち悪いんだけど。ちゃんと朝勃ちしてんのか朝勃ち。

頭の中で毒づきながらも、その指摘には思い当たるところもあった。

確かに近頃の日産のデザインは冷静で小賢《こがしこ》そうで、世界のどこに出してもイケるほど洗練されていて、それは日本人のクルマ好きとして誇らしくもある。

が、そういうクルマではなく生き物が、小綺麗に着こなしたスキなしのオヤジが身近な職場なんかにいたら、果たして自分はどう思うのだろうか。

確かに鬱陶しい。テキパキ仕事はこなしてるけどきっと家ではセックスレスだろうとか、そういう嫌な勘ぐりを入れてしまいそうだ。

わざわざ穴の開いた高級Gパンを買ってみても、感性はお金では巻き戻せない。若者に突きつけられた価値観の落差に僕は今、マーチのカタログを抱いて揺れている。果たしてこれを認めることは彼ら曰くの、物わかりのいいオヤジへの入り口なのだろうかと。

005

レクサス　イズ　ナンバーワン！

品川駅の高輪台を出て、第一京浜を新橋方面に数分歩くと、鈍く輝く黒壁の建物がみえてくる。前面ガラス張りとなった道路側から覗けるのは、外壁とは裏腹に目に染みるほどまばゆい純白のショールームだ。

今、全国津々浦々の約140カ所で、ほぼ同じ仕様の店舗がガシガシこしらえられている。「レクサス準備中」みたいなことを書かれた看板を目にした方もいらっしゃるだろう。

レクサスというのは、トヨタが89年、セルシオの登場と同時期にアメリカで展開した高級車専門の販売チャンネルの名前だ。トヨタのマークが牛にみえるなら、レクサスのマークは頭文字の「レ」にみえるというのは同じ民族ゆえの悪態であって、彼の地での「L」マークは今や、掛け値なしで成功の象徴である。

日本では満を持して……となるレクサスが、なぜこのタイミングで凱旋したか。それについては色々な要因があるが、日本人にとっては、同じ「豊田」である品物が突然「レクサスでございい」とお高くとまられることに対して単純な抵抗もあるのも確かだ。それに対する回答を考えつつ、トヨタは慎重に機を見計らっていたのだと思う。

品川駅そばにいち早く完成したレクサス高輪店。そこで行われた国内販売の概要の説明会は、副社長が自ら場を仕切る力の入りようだったが、何よりその内容に唖然とさせられた。

セルシオやソアラといった馴染みのある商品名を全て捨て、まったく新しい規格で作られるというレクサスのクルマたちは、群を抜くクオリティと前人未到の5年保証がウリだという。

セールスマンやメカニックは全て富士スピードウェイに併設された研修センターで合宿を張り、レクサス魂を叩き込まれた精鋭揃い。店長に至ってはリッツカールトンでベッドメイク修業までやっておもてなしの心を学んだという役《ヤク》が乗っている。彼らの容姿は厳選されており、デブ・ハゲ不可という生々しい噂まで漏れ伝わっていたが、さすがにそれはないらしい。

モノ・人・店の三方で客をきっちり囲い込む、その怒濤のホスピタリティの内容はこの字幅では説明しきれない。ともあれ、トヨタ式生産方式で製造業を席巻した彼らは、レクサス式販売方式で再び世界の範になろうとしている。その意気込みは十分に感じられた。

でも実は、この日一番驚かされたのは説明会の帰り、帰宅ラッシュでごった返す品川駅を、司会を務めた副社長がカバンを抱えて一人で歩いていたことだ。恐らくは時間を惜しんで新幹線に乗るところだったのだろう。確かにその地位としては危なっかしい話だけど、その地位にして今も戦闘中という凛々しい後ろ姿は、GMの会長に見せたいくらいに誇らしかった。副社長からしてこれとなれば、そりゃあ天文学的に儲かるわけである。

006

マッスルカーは戦争の香り

原稿に追われる平日の昼下がりに、テレビ東京でやっている旧いB級映画や洋モノドラマにぼーっと見とれてしまうのは僕の本当に悪い癖だ。見終わったあとにザブンと襲いかかる罪悪感は、飲みのシメにラーメンを食ってしまった翌朝のそれとよく似ている。

ああバカバカお前なんか死んじゃえもう。

それでも魔の時間帯に性懲りもなくチャンネルを12に回す僕。お目当ては12時半からの「ランチチャンネル」で放映されているアメリカの連ドラ「刑事ナッシュ・ブリッジス」だ。ドン・ジョンソンが出ているそれはマイアミ・バイスの続編みたいな雰囲気の刑事物で、西部警察とはぐれ刑事を足して二で割ったような乱暴と人情のバランスが、だらしないそのひと時にゆるりとハマる。

このドラマでは、主人公が黄色いオープンカーに乗ってサンフランシスコの街を豪快に走り回るシーンが毎度登場する。そのクルマは71年型のプリムス・ヘミクーダというモデルだ。

時、折しもベトナム戦争真っ最中の60年代後半から70年代あたまに登場したヘミクーダのようなアメリカ車は、世のクルマ好きから「マッスルカー」と呼ばれている。軽自動車10台分以上、7ℓを超える排気量のV8エンジンを積み、巨大なボディを暴れ牛のごとく走らせるそれは、アメリカの力任せなお国柄を良くも悪くも代弁するものだ。

が、その直後にオイルショックが起こり、ベトナム戦争が終わった頃には、これらは憧憬の対象から国恥の象徴へと一変した。圧倒的な規模と火力を指したマッスルカーという言葉は、大メシ食らいの筋肉一本槍へと意味を変え、以降アメリカ車は疲弊したアメリカと同列に「大男、総身に知恵が回りかね」のレッテルをいただくこととなる。

僕のお昼の生態をダシにこういう話を延々と繰り広げたのは、アメリカを中心に往年のマッスルカーが再び注目を浴びているからだ。若者向けのやさぐれた映画やミュージックビデオには、必ずといっていいほどこの時代のクルマが登場する。昨年、アメリカで最も値上がりしたクラシックカーはまさにその時代のモデルで、現在の相場は軽く1000万円を超えるようだ。

そんなこともあって、はるばる日本に渡ってきていたマッスルカーたちは今、続々と祖国に帰省しているらしい。海外の業者にいわせると、これと機械式時計は日本で買い付けるに限るというわけである。

戦争、オイルショック、そしてマッスルカー。

気持ち悪いくらいに同じキーワードが繰り返されているのは、いつの時代も人々の不安や不満が世の中の核心を動かしているからなのだろうか。人生に不安のひとつも感じることなく、のんきにランチチャンネルに興じる時の僕は、よその今後まで憂うほどいいご身分だったりする。

007

今夜も車検で眠れない

愛車のＲＸ－７がもうすぐ車検を迎える。４万円近い自動車税を払ったというのに、まるでその手応えを感じさせないぞんざいな領収書の切れっ端を握ってディーラーにクルマを持って行くのは来週だ。

ワイパーゴムとかエアコンフィルターとか、あんまり使ってないもんもきっと変えられちゃうんだろうなあ。５００円くらいの部品で文句言うのも大人げないけど、そこに工賃乗っかるとバカになんないんだよなあ。エコ男のふりしてもう2年使うって言い張ってみようかな……。

床で寝付くまで頭の中でそろばんを弾く人生はなんだかんだいっても気持ちよくはない。しかも今回の車検代にはリサイクル法の法定費用も乗ることに気が付いたりして更に凹む。中村うさぎさんは毎日車検のような人生なんだなあと思うと、そうはなりたくはないけど尊敬はしてしまう。

自動車リサイクル法は、日本で保有されている７０００万台超のクルマ全部からお金を預かって、それをエアコン用フロンやエアバッグといった厄介な部位のリサイクル費用として使おうというものだ。

今年の1月以降に売られた新車で販売店で代行徴収されているその料金は、車格や装備に応じて７０００円~1万８０００円位に分かれていて、昨年までに販売された登録車に関しては直近の車検の際に徴収されることになっている。近頃の中古車店では値札に「Ｒ未別」とか「Ｒ未検」なんて書かれているが、これはリサイクル料金が別途必要か否かを示しているわけだ。

ちなみに僕のＲＸ－７の場合は、都合1万１４００円が車検費用と別途で徴収される。仕方ないとはいえ、和民なら余裕で3回は飲める金額がゲロの足しにもならずにスッ飛ぶのはやはり空しい。おまけにディーラーの担当者は「この際だからＥＴＣもつけましょう。常識ですよ今や」などと悠長なことを言っている。

……どの際だよ一体とツッコミたいけれど、思い当たるところは確かにある。

なんでお上が勝手にやっていることにわざわざこっちが身銭切らなきゃなんないんだよ。ケータイの迷惑メールに受信料をとられるのと同質の苛立ちが、今までＥＴＣ拒否のモチベーションになってきた。

が、近頃は自分が明らかに劣勢であることを、高速道路に乗るたびに思い知らされる。１つ２つ空いた一般レーンに隊列を成す我々未使用組の横を、涼しい顔で通り過ぎていくクルマがこのところはめっきり増えた。しかも彼らはＥＴＣ組独占の、最大半額級のごっつい割引料金で高速道路を悠々と使っているのだ。

世の中、情報に疎い頑固者がじゃんじゃん損をする構造になっている。軽く15万円を超えそうな車検代の元を取るためにもＥＴＣに手を出すべきか否か。それを考え出すとまた寝付きが悪くなりそうだ。

008

究極の〝動くリビング〟、できました

デパ地下のタイムセールとワイドショーがどうしてもやめられないオカン体質の僕は、その日もとくダネ！に釘付けになっていた。

ネタはもちろん若貴問題だ。いつの間にか松居直美に似てきた若の嫁さんがツボを押さえたクルマ（ポルシェカイエン）に乗っていることやら、誰よりも家族のことを知っているつもりでいた横野レイコの慌てぶりやらが、朝っぱらからたまらない。兄弟喧嘩は土俵で決着つけろよこの際……などと画面にツッこんでいたら、あっという間に待ったなしになってしまった。

あーあ、そこの角の公園でステップワゴン乗せてくれればいいのになあ……。

学校の隣が家だったら遅刻しないのにと仰せる小学生のようなことを考えながら慌てて駆けつけた試乗会場。そこに並んだステップワゴンは、走る建て売りと見まごうばかりのクルマだった。

もはや日本の最も標準的なファミリーカーは、カローラではなくこれである。夏ボ商戦を直撃する絶妙のタイミングで投入された三代目に対するホンダ陣営の期待も大きいようだ。トヨタのノア・ヴォクシーを相手に、Ｆ１そっちのけのガチバトルが繰り広げられることは想像に難くない。

そこでステップワゴンの訴えるセールスポイントが低床構造と床材と聞けば、それこそ老後に備えてリフォームかよという話である。

使い勝手を犠牲にせずに床を出来るだけ低くするというのは、ホンダがこのところ十八番としている「工法」だ。これによってステップワゴンは、バリアフリーともいえる乗り降りのしやすさを実現したという。

そして、すんなり乗り込んだ後席の床一面には、大問題のフローリングがピッチリと貼られていた。税別5万円のオプションで選べるこの仕様は、このクルマの性質を象徴するものだ。

……お前らほかにやることあるだろう。

F1のリザルトに忸怩《じくじ》たる思いでいる世のホンダファンを代弁して尋ねてみたところ、開発者は「とにかく部屋にしたかったんですよ、ハハ」と悪びれる素振りもない。実際、埃が立たず匂いもつかず、濡れてもすぐに拭き取れるということで、こういう床をクルマに希望するお客さんは少なからずいるのだという。

そのフローリングに加えて、税別9万円で装着できる大型の乳白ガラスルーフをつけたステップワゴンの車内は、さながらマンションのモデルルームだ。生きる本音をぶちまけたような自分の家では、こんなに健全で爽快な空間を手に入れることは不可能だろう。

ステップワゴンを買うことすなわち、車庫にひと部屋増築するようなもの。多少白々しかろうが、そこに家族の幸せが託される、兄弟喧嘩が減るのならそれでいいではないか。未来の若貴を生まないためにも……。もめ事が大好きな僕はそう開き直ることにした。

009

〝レクサス祭り〟の始まる予感

クルマ好きはなぜトヨタ車が嫌いなのか。

……という話を、ひょんなことから漫然と論議したことがある。相手は当のトヨタの開発部門の人々だ。

彼らは毎年、便所の紙に出来そうなほどのお金を稼いでいても、明日世の中が、会社が、自分がどうなるかわからないという疑心を常に抱いている。僕にとっては天狗になったトヨタなど見たことがないということが、この会社の一番の恐さだったりもするわけだ。

「やっぱデザイン、垢抜けてないっスよねぇ」

「乗っててもね、なんかこう、刺激こないんスよ」

嫌われていることを自認する彼らに、東京フレンドパークのたわしにも満たない的まずれな言葉をだらだら並べた挙げ句、シメにこう言った覚えがある。

「やっぱ、クルマ好きのトヨタ好きっていうんじゃあ、なんかモノわかってない感じするじゃないスか」

こんな言いがかりみたいな話に耳を傾けてくれるメーカーの方々には頭が上がらないと常々思う。仕事に優劣なしとは道徳的な話だが、社会的使命や他人の命なんてことを十字架のように背負ってクルマを作っている彼らと僕の間には、境目のひとつもあって然るべきだろう。でないと、クルマなんてアホらしくて誰も作らなくなってしまう。

そんなトヨタが、日本での高級車販売チャンネルとなる「レクサス」ブランドを成功させるには、余分なお金を出してベンツやＢＭＷやアウディを買っているクルマ好きを少なからず票田として意識する必要がある。相手はもちろんプライドが高い。どうせ乗れば名古屋のクルマなんでしょ？という先入観でレクサスを一蹴するだろう。

どこぞのホテル同然の豪華なお店もサービスも確かに必要だろうが、クルマの商売はそれだけでどうにかなるもんじゃあない。成否はブツだよブツ。トヨタの開発陣の疑心が品物にどう内包されているかが、これから一気に盛り上がるレクサス祭りの一番のみどころだと僕は思っている。

そんな折りの先日、レクサスの販売上の主力車種になるだろう、ＩＳの試作車に乗る機会があった。

僕には限界性能がどうこうという小難しい話をするスキルはないが、ＩＳは走ってナンボという点に関して、今までのトヨタ車とは完全に一段違うところに達している。ハンドルを切った時の車体の応答やブレーキの扱いやすさなどに煮詰める余地はあるが、図らずも未完成な試作車に、トヨタ車が大の苦手としていた粗くとも鋭い、夏の仕事帰りにキュッとひっかける一口目のビールのような喉越しが宿っていたことが印象的だった。

「やりゃあ出来んじゃん」

性懲りもなく何様的感想を開発陣にぶちまける僕に、広報氏が笑いながら諭してくる。その額にはたぶん、仏の顔も三度までと書いてあったような気がした。

010

ヘンテコ・ナンバー考

渋滞にハマった時、近頃は前のクルマのナンバーを見てヒマを潰している。

クルマのナンバーの4ケタ数字に所有者の要望が認められるようになったのは平成10年のこと。いわゆる「希望ナンバー」の誕生から既に7年の時が経った。

前を走るクルマのそれが希望モノか否かを簡単に見分けるには、3ケタの分類番号の十の位に注目するのが手っ取り早い。品川300や301がツルシ版に対して品川330や341が希望モノ……という風に、そこに違いが現れている。

4000円前後の費用が余計に掛かる希望ナンバーをわざわざ下げて走っているクルマは、一体我々に向かって何を申したいのか。そこには車種やオーナーにまつわる様々な情景がある。

希望ナンバーでも応募数が多く、全国的に抽選制になっている数字は1ケタ或いはゾロ目の縁起のだ。1、7、8絡みは特に競争率が高く、10回応募してもハズレがザラという話をクルマ屋で聞いたことがある。

希望ナンバー制導入以前は権力や財力や腕力なしには手に入れることが至難だったこれらのナンバーは、広く一般に開放されたこともあって最近は民主化が進んでいるようだ。カローラやボルボといった、とても人に危害を加えそうにない草食キャラのクルマが、こんな筋者ばったナンバーを下げているのもたまに見掛けることがある。

傍目には不可解なれど、一部のクルマ好きには刺さるおたく的な数列というのも割と多い。たとえばポルシェにつけられた９８６や９９６というナンバーは、その車種の社内開発コードだ。唯一、品川管区で55が抽選指定となっているのは、一時期東京でバカ売れしたメルセデスのチューニングカー、Ｅ55ＡＭＧのオーナーがこぞってこの数字を獲りにきたからではないかと推測される。

近頃はニューミニのオーナーがゴロ合わせで３２９８や５５３２なんてナンバーを下げていることが多い。曰く、ミニクーパーそしてゴーゴーミニ……。こういう入れ知恵は、恐らく新車のディーラーでセールスマンに囁かれるのだろう。

でも、世の中にはそれを上回る白旗モノのゴロ合わせもあったりする。最たるところでは１１２２や１１８８というヤツだ。ちなみに１１２２はいい夫婦、１１８８はいいパパやいい母と……。読みたくなくてもそう理解するしかない。

街中でそのナンバーをつけたクルマに出会うと、いいパパの顔でも拝んどくかとついその姿を追ってしまう僕。しかし驚くべきはその、１１２２や１１８８が８のゾロ目などと同じく抽選指定となっている地域が日本にあるということだ。

横浜、名古屋、神戸ナンバーの管区では、一体どれだけのいい夫婦が転がっているというのだろう。収入の大半を酒とガソリンに注ぐ、いや捧ぐ僕には計り知れない純潔な世界である。

011

誰でも乗れるスーパーカー時代!!

最近はテレビや雑誌で「セレブ」と称される婦女子が自らの私生活をじゃんじゃん公開なさっている。昔はB級芸能人の仕事だったそれも見る人の共感を呼ばなくなったのだろう。近頃は彼女たちによる「おつとめ」みたいなもんに取って代わったというわけだ。

プロ並みの素人というムシのいい場所に居座ったセレブ様の、服や家や飯や犬のことはよくわかんないが、僕がここで注目するのはやっぱり彼女たちが乗るクルマである。

先日視ていたテレビでは、六本木ヒルズに住むセレブ様がフェラーリの360モデナスパイダーでヨタヨタとお買い物に行くシーンが登場して、僕は思わずすすっていたニュータッチを鼻腔に引っかけてむせ返ってしまった。

地下のスロープから姿を現した真っ赤なモデナスパイダーは、爽快に開け放たれた幌屋根とは裏腹に、半クラッチの悲鳴を僕の鼻腔のように幾度も吐き出しながらガクガクと天下の公道にその一歩を踏み出していく。

おお、出来た出来た。

まるで車椅子の百恵ちゃんが立ち上がる時のような感動を覚える僕。これまさに、赤い衝撃ではないか。

……と、四つの車輪が敷地を離れるや否や、すれ違う野田ナンバーのシャコタンマジェスタもたじろぐ爆音をけやき坂に轟かせて、セレブ様は青山方面へとブッ飛んでいかれた。

帽子の置き場も困るクルマに乗ってお買い物もないだろうに。どうせ札束巻き付けたような格好してるんだから。手ぇ挙げた日には、客積んでても停まってくれるよタクシーが。

その大袈裟な始終にぜえぜえとツッコむ僕。でも、テレビを視ていた世の婦女子の皆さんは違うところに反応したのかもしれない。たとえば、フェラーリ乗れるなんてすごく運転上手なのねえこの人、とか。

今、日本で売られているフェラーリの約8割は、AT限定免許でも乗れるF1マチックというシステムを搭載したものだ。同様にポルシェも販売の8割をティプトロニックというAT仕様が占めている。

それまで繊細なクラッチを踏みわけて、エンジンと対話しながらギアを選んで入れていた、平たく言えば好事家以外はうっとうしくて付き合っていられなかったスーパーカーの世界にオートマ化の波が訪れたのは90年代のことだ。今や戦車のようなRVも、戦闘機のようなスポーツカーも、街を練り回す大半のそれは、駅前のヴィッツと変わらない操作で走っていると思っても差し支えはない。

つまり、毎日ジャスコに保育園にとクルマを使っている奥さんなら、明日にでもフェラーリを動かせるということである。ささやかながらも懐暖かいボーナスシーズンの今宵、ご夫妻でシャツのボタンでもバーンと開け放って、そんな話でちょっといい夢でもみていただければ幸いだ。

012

日産に日参するべし

先日、山の中で朝っぱらから撮影の仕事をしていたところ、実家の姉からケータイを鳴らされた。

「会社の同僚がクルマ買うっちいいよるんやけど、なんか今、安いのあると?」

初夏の風にそよぐ箱根の山奥で方言全開のこんな電話を受け取ってしまった自分……。ITの特質であるピンポンダッシュ級のやるせない不快感を言葉の端々に匂わせながらも、結局のところ僕はその話に付き合うハメになった。

こちとら問屋じゃないんだから安いのって言われても……と思いつつも、僕は日産のクルマを薦めてみる。

日産は02年に発表した中期経営計画「日産180」の目標のひとつとして、全世界で100万台の販売増を05年までに達成すると掲げている。ご存じカルロス・ゴーンの十八番である「コミットメント」のご当人的項目として残った最後のそれは当然必達であり、その具体的な期限は今年9月までの販売数までとされているため、僕は個人的な推測として、この夏の日産の販売攻勢はアツいのではないかと踏んでいるわけだ。

こういう火事場泥棒のような性癖が抜けないのは、南小倉駅前のわかめ天かす入れ放題のうどん屋に部活帰りの部員で押しかけて、しまいには店主から中学校に「来ないでくれ」と苦情を叩きつけられて以来の話だ。全員が集められはしたものの、あの時は顧問の先生も怒りづらそうだった。思えば僕は気づかぬ間に、資本主義が生んだ澱《おり》のような物体としてのうのうと育ち、ここに至ってしまったのかもしれない。

しかし上には上がいるもので、聞けば姉の同僚は既に日産のディーラーに赴き、キューブかノートかを天秤に掛けて、既にノート側で25万円の値引きを引き出しているという。

じゃあこの不躾電話はなんなのよ。これ以上オレに何しろってえわけよ……。

へたにクルマ屋事情を薄々知るような場所にいるから利口ぶるわけでもないが、正札126万円〜のノートを20万円以上引きで売って、販社と本社にどの位の銭が残るのかということを考えると、僕は自分の所行を棚に上げてても居たたまれない気持ちになる。

確かにナビもオプションもたんまり乗せたかもしれない。払いは余裕で100万後半かもしれない。でもクルマって、特に小型車ってえのはそんなにお安く出来てるもんじゃあないよ。だって大型車と比べても、手間数に爆発的な差があるわけじゃないんだし。

……みたいなことをこの、恐らく僕よりもまったく上手の四十路♀軍団に話しても、どだい理解は無理なところなのかもしれない。

「あんたら、そげん引かせとるんならもう十分やろ。堪忍しちゃりいや」

と、いつの間にやら方言全開で電話を切った後に、プロジェクトXの視聴率男女比が知りたくなった今日この頃というわけである。

013

国産スーパーカーは永遠に不滅です！

乗っている人といえば皇族か閣僚か頭取くらいしか思い浮かばない、日本車にあって最もやんごとなき気配を漂わせるクルマといえばトヨタのセンチュリー。その価格は現在、標準仕様で1113万円となっている。舶来モノでいえばメルセデスのS500が概ねその辺の価格帯だ。

その、センチュリーよりもSクラスよりも高い、すなわち日本一高額な日本車があることを皆さんはご存じだろうか。製造元は本田技研工業の車名はNSXタイプR。去る7月12日、生産終了が発表されたNSXの中でも最も喧嘩上等なグレードだ。公道仕様でありながらサーキット走行を前提としたそれは、クーラーもラジオもついていない状態での価格が1255万5000円。ぶっちゃけ、ポルシェのいいヤツとさほど変わらない払いとなる。

金の話ばかりでイヤらしいなあと思いつつも、NSXというクルマの立ち位置を端的に表しているのは、ともあれ値札だろう。

「ホンダ」という名刺で世界に名だたるスポーツカーブランドに果たし状を食らわせた、そんなNSXが登場したのはバブルの残り香が漂う平成2年のことだった。当時800万円という価格はクルマ好きには衝撃的で、それこそ「ポルシェも買えそうやん」と軒並み泡食ったものだ。

が、世が世であっただけに、NSXはデビューと同時に引く手あまたの人気者となった。ピーク時は5年相当と言われたバックオーダーを積み上げ、巷の中古車店では転売物件が1900万円の値札を下げていたこともある。当時、撮影でNSXを借りたことがあるが、乗っている始終は葉っぱ一枚で表参道に放り出されたかのような視線をかき集めていた。

ホンダはＮＳＸを作るために、今では考えられないほどの投資をしている。栃木県に作った専用工場は、軽量化と引き替えに溶接に大量の電力を要するオールアルミボディの量産を実現するために、自家製の発電所まで併設してしまった。また、オーナーの要望に応えて使い込んでくたびれた車体の内外装や機関周りを有償でリフレッシュする部門も作り、そこに熟練工を配置したりもしている。その投資や維持も含めた製品原価に対しての希望小売価格は、クルマ屋さんの収支構造を知るにつけ、妥当だったのだなあと門外漢の僕はしみじみするばかりだ。

晩年の、というかここ10年のＮＳＸは、ホンダにとって恐らくは相当な放蕩息子だった。年間二桁台の生産台数はどう考えても赤字の垂れ流しである。が、ここまで粘り倒した背景には、彼らのプライドの一端がＦ１屋にあることが猛烈に働いていたのだろう。そしてこのクルマが性能的にポルシェに肩を並べ、コンセプト的にはフェラーリに大きな影響を与えたことも紛れもない事実だ。齢15。お疲れさまだったと思う。

014

渋滞と大腸と僕

せっかくの夏休みだというのに申し訳ないほど不快な話だが、僕は尻周りに幾つか持病を抱えている。

ガサ入れのごとく突如現れるニキビ状の腫れが1週間後にはピンポン大に肥大して、電池切れのアシモのようにしか洗面所に進めないほどの痛みを伴うそれは10年前に「慢性臀部膿炎」という診断をいただいた。

文筆業の端くれである僕ですらこれ以上醜い単語の羅列はないだろうという破壊力。痛みより何よりこの病名と慢性で向き合うのかと思うと、さすがにレオンを読む気にもなれない。

でも、それよりも長いこと抱えている尻モノといえば、ご覧の奥さんもお持ちかねだろう「便秘」だ。

僕の一家は便秘に関しては筋金入りで、子供の頃から強力わかもとと見まごうような特大瓶の便秘薬が茶の間に置かれていた。メシが終われば母が姉が祖母が、我先にとその瓶に手を伸ばす。恐らくそれは、日本代表の強化合宿の食堂でアミノ錠食い放題みたいな、渡辺家にとってのサプリ的日常だったのだろう。そして程なく僕も二世の強化選手として、そこに登録されるハメになってしまった。

便秘との戦いは辛い。長丁場に備えて何冊かの本を持ち込み、携帯電話も持ち込み、遂にはノートパソコンも持ち込むようになってしまった僕は、もしかして人生の12分の1くらいを便所で過ごしているのかもしれない。こうなったらワインセラーと液晶テレビも置きたいとか、ハーマンミラーにアーロン便座でも作ってもらいたいとか思うほど、その一角には愛着がある。と、ここまで引っ張ってやっとクルマの話が出てくるわけだが、渋滞というのは尻の病に良く似ているなあと思うところがある。

事故や工事といったポイントの見えるものはさておき、たとえばこのシーズンにみられる「自然渋滞」というヤツは、何が原因かがはっきりしない。登坂路やカーブの連続などによる速度低下の連鎖が遠因と言われるが、明瞭な因子が見えないまま数字が積まれていくだけに不安が募り、それがイライラに転化される。

これは便秘持ちの僕に言わせれば「まったく、どこでつっかかってんだよ一体。昨日あんだけ野菜食ったのによう」という状況によく似ている。大腸という長い道路の全体は見渡せないから、昨日の夕飯の野菜という狭いところを指して、自分に粗相はないのにとイライラするわけだ。

一般道に降りても結果は大きく変わらない。突如として道が空いた時の、あの放出直後にも似た絶頂感を味わうべく、自然渋滞には抗《あらが》わず流れに身を任せて踏ん張り続けるが一番。これは便秘持ちの僕が辿り着いた結論だ。もしイメージ出来ないという健やかな御仁なら、痔の座薬のＣＭを思い出して欲しい。尻の悩みが解消した時というのは、あの大袈裟な爽やかさそのまんまなのだ、ほんとに。

015

乗り味も顔も猫科のクルマ

日本市場において、プジョーはここ10年くらいで最もシェアを伸ばした輸入車ブランドのひとつだ。年間販売台数ではVW、メルセデス、BMW、ボルボに次いで5位につけている。

そこまで売れた理由の最たるところは「価格」と「デザイン」だ。同クラスの国産車を買うつもりならちょこっと予算を足せば手に入るおフランスのクルマ、というだけでも感じは悪くないところにきて、プジョーはこのところ、一目でそれとわかる攻めのデザインでお客さんの興味を惹きつけてきた。最近のクルマはどれもこれもやたらと目つきが悪いなあ……と感じている方も多いと思うが、世界的なツリ目ブームの火付け役は、恐らくここんちということになるだろう。

安さとわかりやすさの相乗効果……といえば身も蓋もないが、ともあれ日本においてのプジョーは、気の利いた舶来スモールカー屋さんといったイメージが定着しつつある。が、それはプジョー自身にとってまっしぐらにいい話というわけでもない。商売的には一回り大きなクルマを売ることによって、ステータスと利益率の両方を引き上げることを考えるのは当然だ。

というわけで、先頃日本への輸入が始まった407は、そんなプジョーが今一番売りたいクルマである。

映画「TAXi」でお馴染みとなった406の後継にあたるこのクルマ、車格的にはレガシィと同じ辺りとなる……が、まるでレガシィ級とは思えないオシの強さは、たぶんその傲慢な顔立ちがもたらすものだ。ライオン印をCIとするプジョーの、猫科を表さんとするツリ目もここに極まれりということだろう。

クルマ好き的に言えば、プジョーの猫科たる所以はその足捌きだ。街乗りのような速度域でのもっちり柔らかな乗り心地と、山道や高速道路での4つのタイヤがねっとりと路面にへばりついたような手応えは、しばしば猫の身のこなしにも例えられる。90年代以降は多くの自動車メーカーが同様の味を出そうと研究したが、末だそのレベルには至らない。僕的には、プジョーを買うのはそのしなやかなサスを買うのと同義と言っても差し支えない。

一方で、ここ数年のプジョーはその足捌きに若干の陰りがみえていた。彼ら自身、ガッチリしているけど柔軟性がないドイツ車のような乗り味を目指し始めたようなフシがあって、僕などはその行く末がちょっと不安でもあった。

が、嬉しいことにこの407でプジョーは再び自分を取り戻しつつある。凝りに凝ったサスペンションを採用したこともあってか、その乗り味は流しても飛ばしても丸くて穏やかな感触に終始する。速度を問わず、乗る者を心地よく弛緩させてくれる能力にかけてはフランス車の右に出るものはない。407はそれを物語る、久々に「性能」で欲しくなるプジョーだ。

016

豆腐の角でクルマをぶつける

先日、久し振りにクルマをぶつけてしまった。

海外出張から戻ったその日、都心方面の高速道路は湘南まで繋がってるんじゃないかというくらいの絶望的大渋滞で、その上お盆直前の東京はＴＵＢＥもコンサートをためらいそうなクソ暑さだった。たまたまクルマで空港に行っていた僕は、同行していた同業者を「送るよ」と言いくるめて運転を押しつけ、出来たての時差ボケ&強烈な日差しのコンボ攻撃に助手席で脱力を決め込む。帰国早々のあんまりな仕打ちに車中の3人は言葉少なく、結局ヨレヨレと都心に辿り着いたのは到着から3時間あまり後だった。

そこで1人を降ろしたあと、僕はちったあ良心みせとくかと運転席に座った。もう帰ったも同然の距離でそれかよ、と3時間もハンドルを握っていた彼はそう思っていただろう。

「ボグガガッ！」

帰るにあたって、駐車場で回転しようとバックしていた時のこと。遠い昔に聞き覚えのある鈍い音が車内に響き渡った。驚いてバックミラーをみると、極太の柱が明らかに不自然な距離感で大映しされている。

「えっ、やっちゃった?」

グダグダの頭で現状を把握できない僕に、3時間も運転させられた彼は、大丈夫ですよゆっくり帰りましょうと優しく声をかけてくれた。が、その語尾には（笑）と大書きされていたに違いない。同じくクルマの能書きを垂れている同業者が乗っている横でオバちゃんまがいに当ててしまったというショックは大きく、そのまま空港に戻って高飛びしたくなった。

ドンマイドンマイ。軽く擦《こす》っただけ。アクセルも全然踏んでなかったし……。

クルマをぶつけた時特有の前向きな逃避で家に戻り、恐る恐る帰国後の現実と初対面した。リアバンパーの角は見事に柱の角とカチ合ったようで、患部はジャイアンにグーで殴られたのび太の顔のように凹んでいる。擦過傷という僕の希望的観測は一気に吹っ飛んだ。

50万で買ったレガシィにバンパー丸ごと交換で修理代10万コース。

そのやるせない出費を抑えるべく、クイック修理の工場に問い合わせてみる。

「じゃあ、傷のとこケータイで送ってもらえます?」

最近は便利な世の中になったもので、こういうお店では携帯電話のカメラで修理希望箇所を写メると簡単な見積もりを出してくれたりする。自ら凹みをピロリーンと写真に撮って送る時の気分はなんだか出会い系サイトっぽくて、僕はドキドキしながらお相手のお返事を待っていた。

「ディーラーでの修理をお勧めします」

……届いたメールはまるで結婚紹介所にでも行けというほどにつれなかった。そして、クイックの限界を超えた凹みを晒して、今日も僕はレガシィを走らせている。毎夜ヤフオクで中古のバンパーを探しながら。

017

ロードスターのミニスカート

アイドル業界では小泉今日子や中森明菜、堀ちえみをもって「花の82年組」とするように、クルマ業界的にはセルシオとスカイラインGT－Rとマツダロードスターをもって「花の89年組」とする……かどうかは定かでない。

が、バブル華やかなりしこの年にデビューした3車が、その後90年代の自動車業界に世界的な影響を及ぼしたことは事実だ。その中でもロードスターのインパクトはちょっと毛色が違う。

セルシオがメルセデスを、GT－Rがポルシェを仮想敵にして成果をあげたのに対し、ロードスターは70年代以降、世界的に死滅していた2人乗りの小型・軽量オープンというカテゴリーに再び新たな需要を切り拓いた。それこそメルセデスがSLKを、ポルシェがボクスターを作ったのはマツダの成功をみての追従と言えなくもない。無から有を生んだロードスターの功績はプリウスと同様に賞賛されるべきだろう。

遂には量産スポーツカー販売台数世界一のギネス記録まで打ち立てた、そのロードスターに先日、7年ぶりの全面刷新が施された。

3代目となったそれのカタチそのものは、みんながよく知る初代ロードスターの面影を端々で追っていて、見る角度によってはそれほどの鮮度を感じないかもしれない。或いはその顔つきは、スポーツカーということで想像する獣臭さや鋭利さとも無縁だ。でもそれはこの銘柄がずっと守り続けてきた生命線でもある。

代々のロードスターはスピードでライバルを圧倒した例《ため》しは一度もない。スポーツカーを名乗るには大したものでもないエンジンを、とにかく軽く小さい車体と組み合わせての総合力で軽妙に走らせる、小兵的な振る舞いで大物に一泡吹かせてきた、そんなクルマだ。

世の中のスポーツカーの大半は運転する面白さをけたたましい速さになぞらえ続けてきた。それは陸上選手がタイムを削る努力と同質で、真っ当な進化でもある。が、その結果、大多数の一見さんは織田裕二のようには盛り上がれない、むしろ呆れるしかないくらいハードルの高い代物になってしまったのも事実だ。

ロードスターはそことは完全に一線を画し、運転する面白さを身の丈で伝えることに頑としたポリシーをもっている。ホイッと屋根を開けてアクセルを踏んでハンドルを回せば、自分の意のままにクルマが反応する。その単純な気持ちよさにスピードのリスクを背負わせることはしない。

今後もそういうクルマであり続けるために、衝突安全性や環境適合などの法的な要件が厳しくなる中、マツダの技術陣は腐心して新型ロードスターのサイズや重量をほぼ今まで通りに押さえ込んだ。アイドルはいつまでもミニスカをはける体でなければならない。その覚悟と努力は82年組よりもさらに旧い、松田聖子でも見ているようで感服する。

018

ベントレー様との目くるめく一夜

ベントレーといえばロールスロイスと並んで世界のセレブな方々に長年愛されてきた、迎賓館にタイヤが付いたようなクルマだ。

ちなみに現在売られている一番安い車種で2089万5000円。その値札が下がった「コンチネンタルGT」は若セレブに大モテで、Tシャツやらエステやら接客業やらで当てたお兄さんも血眼でお求めになられるものだから、常に品薄状態だ。

この夏休み、そんなコンチGTをひょんなことから我が家で預かることになった。……といっても友人の犬や園児を預かるのとはワケが違う。ムシキングを与えて家に軟禁しとけばOKというもんでもない。

夕暮れ時に世田谷の狭い裏道をヘロヘロと抜けて、いつもは凹んだレガシィを置いている月極の駐車場にとりあえずそれを収めてみた。震災ハザードマップでも真っ赤で指定されているほど素早く燃えそうな旧い住宅街に、叶姉妹がドンペリを抱えているようなその姿はなんとも居たたまれない。ご近所に僕の仕業だとバレたら大変だからと離れてみても、それは謎の発光体のようにボーッと白んでいるようにみえる。

ここまで無事にお運びしたという安堵からの疲れを感じつつ、家に戻って〆切に向かうも、どうも筆が進まない。下らない駄文を書き殴っている間にも、コンチ様は夜風にその不自然な身を晒しているわけである。もし僕がSL広場のような酔っぱらいなら、そりゃあポケットの10円で「郵政」とかガリガリ書きたくなるよなあ。そう考えると居ても立ってもいられず、1時間おきに安否を確認に行くという看病のような一晩を過ごすこととなった。

翌日は目の下に立派なクマを携え、撮影のためにコンチ様を動かした。

牛十数頭分の革が張り巡らされた、空気が読めないほど豪華な車内ではジョージアも飲む気になれず、カラカラの喉はタバコも受け付けない。禁煙にはいいクルマだと苦し紛れにボケてはため息をつくばかりだ。

最新のベントレーは途方もない渋滞をノロノロと進むことにまったく気難しさはない。そして全天候で最速のラグジュアリークーペを自負するクルマだけに、コンチ様はひとたび道が開けばそこが大久保通りであろうが、アクセルひと踏みでワープするように俗世を振り払う。この瞬間だけ、ドンペリ叶姉妹と完徹の僕との間は「クルマ好き」という言葉でかすかに結ばれる気がした。只の成金グルマじゃなくてよオホホと、実は代々スポーツブランドであるベントレーの汗臭さが伝わってくるような。

と、僕の夏休みベントレー日記はここまでである。その日の帰り、今夜も一緒というあんまりな重圧に負けて、文春の編集部の地下にコンチ様を置かせてもらったからだ。盆入りで程よく空いた帰りの半蔵門線は、フリチンで素振りでもしているように清々しかった。

019

水もしたたる良いクルマ？

大きな被害を出した台風14号の影響で、東京にも酷い集中豪雨があったのはご存じだと思う。聞いたこともない防災放送が我が家の周囲でも鳴り響いたものだから、僕も慌てて半地下の駐車場から愛車を引っ張り出しているうちに、韓流ドラマのように大袈裟なずぶ濡れを食らう羽目になった。

翌日は台風情報をニュースで見ながら仕事をしていたのだが、各地の状況を伝える映像には冠水した道路で立ち往生したクルマを押す人たちの姿が映し出されている。そこで思ったのは、最近のクルマはことさら水に脆いということだ。

自動車メーカーはクルマを開発する際に、もちろん水に関する試験を行っている。コントのように上から激しく水をブッかけてみたり、ミストサウナのごとく高温多湿のハコに長期放置したりして、防水性や耐久性を入念に測るわけだ。その様々なテストの中でも結果が一番読みづらいのは、走行時の耐水試験だという。

何社かの実験部の方に以前聞いた話で察するに、日本車の場合、多くの乗用車が課せられる走行テストの水深は20㎝くらいらしい。そこを20〜30㎞／h前後で通過して、車内への水の浸入やエンジン、電装などのダメージを測るというのが一般的なテスト内容のようだ。ちなみに国交省が今年発表した「都市における浸水対策の新たな展開について」という資料でも、乗物の移動限界水深はおよそ20㎝とされている。

彼らがその結果が読みづらいという理由は、ユーザーによっては考えられないスピードで冠水路を延々と通行することもあり得るからだという。実際、ニュースの映像をみていると、オバちゃんの軽自動車なんかがディズニーシーじゃないんだからという威勢でドバーンと水に突っ込んでいくシーンを多く見掛ける。

空気を採り入れて燃料を燃やして走っている以上、或いはエアコンを載せている以上、クルマは時計のように完全防水になることはあり得ない。僕が知る限りで最も深い水深を走れる市販車はランドローバーのディスカバリーだが、彼らが「渡河能力」と示す値はそれでも70㎝だ。

20㎝のテストをクリアしたクルマとて、タイヤの接地も失うような勢いで冠水路に飛び込めば想定外の量と勢いで水が浸入する。昨今のクルマは半分コンピューターで動いているくらい電子制御モノが張り巡らされているから、当たりどころが悪ければ一撃でショート→修理不能となることもあり得なくはない。深い水たまりを強行突破するような運転は、携帯電話を便所に落とすようなものと言うことも出来る。

ちなみにカローラクラスのタイヤ径は約60㎝。つまりタイヤの三分の一以上が浸かる冠水路は走らないに越したことはないし、それ以下でもスピードは絶対控えめに、というのがこの時期の豆知識ということで。

020

絶対にエンコしないクルマ　〝御料車〟

先日、皇室の御料車が39年ぶりに刷新されるという発表があった。67年から72年の間に5台が生産され、現在も都内の主要行事に使われているニッサン・プリンスロイヤルが老朽化し、維持が限界……というのがその理由だ。開発は日産と合併する直前のプリンス自動車。プリンス自動車といえばスカイラインを筆頭に数々の名車を生み出した名門。そして自分と同い年のそれが遂に引導を渡され……と、クルマを生業とする僕には感慨深いキーワードが次々と浮かぶ。

それにしても代替の理由が老朽化というのはどうなのよ？　だってまだ乗れるわけでしょ？

このニュースを囲んでお茶の間では、マイカーの買い替えを目論む旦那の要求を奥さんがしゃもじで一蹴するような会話が繰り広げられているかもしれない。

が、中年目前のプリンスロイヤルを今後もつつがなく走らせるためには、全ての機能部品を一品モノで起こすくらいの出費を覚悟しなければならない。赤坂見附でエンコなんて話は国恥同然ゆえ、老体に莫大な予算を投じての維持は無茶という、日産と宮内庁が合意の上での限界宣言であることは察することが出来る。

その上、この30年で日本を取り巻く事情はがらりと変わった。武器といえば火炎ビンか鉄パイプくらいだった昔と違って、今や相手は世界のテロリストだ。琵琶湖でピラニアが釣れるほど亜熱帯気味な気候の中、歩くような速度で延々パレードしても音を上げず、矢や鉄砲ごときは跳ね返す屈強さが御料車には求められている。感情的には継承こそ相応《ふさわ》しいと思っても、そう悠長にはいかない状況という側面もあるだろう。

新しい御料車「センチュリーロイヤル」は、その名が示す通り、トヨタがセンチュリーをベースとして製作することになった。

97年にデビューした現行センチュリーは、防弾&防爆の架装を施せば3t以上となる車重を想定して車体周りに余力を持たせてあり、エンジンは片方のシリンダーが何らかの事情で壊れても、残りの片方で走行出来る専用設計のV型12気筒が積まれている。開発時点から首相専用車に留まらず、既に御料車スペックを想定していただけに、準備万端、満を持しての登板だ。

無論口外はされていないが、一説には80億とも100億とも囁かれる開発費にして、納入予定は5台で単価は5250万円。ソロバン度外視の名誉職とはいえ、これはトヨタだから出来た余裕の仕事ともいえる。

ちなみにセンチュリーには、後席から外を見るVIPの顔が肖像画的に映るよう、窓枠を額のように真四角に縁取ったという逸話がある。もちろん御料車も主たる乗員の体格に合わせた数々のしつらえがあるだろう。宇宙旅行も現実になりつつある今、逆立ちしても体験できない景色が車窓にあるというのもいい話だ。

021

男同士のウイン・ウイン関係

先日、そろそろヘタってきたタイヤでも交換しようかなと近所のカー用品店に下見に行った。二度手間を踏むのにはちょっとしたワケがある。

僕のクルマは一応スポーツタイプなので、走りと見栄えを考えて足回りのサイズをひとつ大きなものに換えている。タイヤとホイールはデカい方がエラいというクルマ好きの美意識に基づくその施術は俗に「インチアップ」と言われるもので、それは目と乳はデカいに越したことはないという美意識に基づいてつけまつげや豊胸ブラジャー装着に精を出す娘さんの所業と似たようなものだと思う。

確かに乳が大きいのは、たとえウソだとわかっていても多くの異性にとっては喜ばしいことなのだが、タイヤが大きいという話はそうもいかない。乗り心地は崩れるわ、燃費は悪くなるわ、ホイールは痛めやすくなるわ……。平日にハンドルを握る、或いは横に乗せられる婦女子にとってロクなことはないわけである。

何よりインチアップの代償としてバカにならないのがタイヤ代だ。僕のクルマの場合、ノーマルの16インチサイズなら6万円程度で済むところが、たった1サイズ、17インチに上げているために9万円以上の出費となる。僕が下見に行ったのは、その高額出費にワンクッション置いて心構えを作っておきたかったからだ。身から出た錆とはいえ、なんとも頭の悪い話である。

最近は自動車メーカーもオプションでインチアップ用のタイヤ・ホイールを設定していたり、新車のディーラーでも積極的にそれを勧めるところがある。彼らももちろん商売だし、商談を進めるお父さん側にとってもハナッからその代金を紛れ込ませて契約すれば家計簿の盲点をつけるという、ウイン・ウインがそこに成り立っているわけだ。

実は赴いたカー用品店の軒先で、そんな旦那の計画的犯行が破綻したとおぼしき場面に遭遇した。

「うちのステップワゴンは他のステップワゴンとどう違うっていうんですか！」

その奥さんはどうやら新聞チラシに「適合車種・ステップワゴン等」と書かれていた特売のタイヤが装着出来ないことについてご不満な模様で、ツナギを着た茶髪の店員さんは対応にたじたじするばかりだった。その傍らで旦那とおぼしき人は、すやすやと寝た子供を抱いて、レジ前のミニカーをイジっている。

そんな始終を横目に駐車場に出た僕のクルマの数台先に、一家が乗ってきたとおぼしきステップワゴンが停まっていた。足元には純正オプションの大径ホイールが装着されている。

「奥さん他のステップワゴンとは違うんですわこれ」

それをどちらが言い出すのか。店員と旦那の間では恐らく浮気をかばい合うような目配せが交わされていたのだろう。男の悪事はどこに落とし穴があるかわからないものである。

022

スズキの〝プロジェクトX〟クルマ

スズキといえば自らもCMや広告でそう謳っているように「軽ナンバー1」というイメージが老若男女の隅々にまで浸透しきっている。ここ数年はダイハツの猛追を受けているものの、確かに軽自動車カテゴリーでは30年以上も販売台数一位の座を渡してはいない。

そんな彼らも白ナンバーの普通車カテゴリーでは苦戦を強いられている。庶民感情的に黄色ナンバーは安グルマという偏見はなかなか拭えないもので、ご自慢の「軽ナンバー1」がかえってトヨタや日産と同級品を売る上での足枷になっているのだろう。

そんなスズキの白ナンバーに追い風が吹き始めている。昨年フルモデルチェンジした新型スイフトが、前年比170％という好調な販売をマークしているのだ。

ヴィッツやフィット、マーチやデミオという各社の稼ぎ頭と同級に位置するスイフトはこれまで「泣く子も笑う79万円」と、半ばヤケッパチとも思える激安販売で地味に客を募ってきた。が、稲本くんのCMでお馴染みの新型は違う。自暴自棄な値引きもなし。明らかに新しいお客が自発的に、軽自動車ではなくスイフトを求めてスズキのディーラーに足を運んでいる。

スイフトが指名の取れるクルマになった理由はすこぶるシンプルで、僕らのような専門筋がゴタクを並べる幕はない。娘さんで言うなら夏休みにタイで全身フルチューンを施してきたほどにカッコが激変したからだ。

法的に限られたサイズの中で美や力を個性的に表現するという、軽自動車屋ならではの特訓を散々積んでいるスズキのデザイン力はかねてから定評があった。普通車のスイフトはそのタガが緩和され、多少はブッ飛んだ仕事が出来る土壌があったわけだ。

加えてスイフトのデザインには経営上の戦略も関係している。スズキは今後パイが狙える欧州で名声を確立するために、クルマに対して舌の肥えたあちらの年金暮らしのシニア層も取り込める、安くても高性能でスタイリッシュなクルマを作る必要があった。無借金経営の極意は一切のムダを省くという、浜松のトヨタとまで言われたその会社が今度のスイフトには並々ならぬ覚悟で予算も割き、それは当然デザインの自由度にも大きく効いている。

そこで強いて専門筋の話をさせてもらえば、新スイフトは乗っても驚きの連続だ。欧州陥落狙いのチューニングが施されたそれは、ヘタなライバルは相手にならないほど走りが濃厚で、軽ナンバー1の軽はずみな手応えは微塵もない。

やるときゃやるよのスズキを、買うときゃ買うよと支えるお客さん。そこには直球投手とホームランバッターのような清々しい掛け合いが成立している。ここまで健全に商売を繰り広げられたことは、ある意味トヨタや日産にとって衝撃だったかもしれない。スズキ、ともあれ侮り難しである。

023

カーデザインと尿酸値

こういう仕事をしていると「次に買うクルマはどれがいいかね」という相談を受けることが度々ある。

人生のあれこれにおいてクルマごときしか真摯にお答え出来ない僕は、その都度、各々の用途や予算や好みを聞いてベストを探ろうとするのだが、そんな話をしていてよく耳にするのは、

「今のクルマはカッコがどれも一緒でつまらん」

「デザインがグニャグニャしていて気持ち悪い」

……すなわち、欲しいクルマがないという訴えだ。

クルマのカッコがどれも一緒にみえる……というのは今に始まった話ではないけれど、その傾向が徐々に顕著になっているのもまた間違いではない。

じゃあなんでそんなことになるかといえば、ひとつはクルマという商品が、運搬という主目的において今やグダグダに煮詰まった商品になっているからだ。

限られた寸法の中で大人4人と荷物4つを収めて走るタイヤ4つの移動体……というクルマづくりの設問に対して、発展期の昔は色々な解き方が考えられたけれど、それらが淘汰された現在の答えは世界標準時のように異議の唱えようがないものになっている。たとえばメルセデスのセダンやVWのゴルフなんていう、理想の彼氏自慢を聞かされているようなお利口グルマは、その点に悔しいくらいの模範解答を用意している。

それらと体型が無意識談合的にカブっているところに、ヘッドライトやテールランプやグリルなんかを濃厚仕立てにして、自らのフェロモンを痛々しくもわかりやすく発散している……というのが、今の自動車デザインの概況だ。それが人によっては気持ち悪いという話になるのも頷ける。

でも、多分デザインの現場では暴走する周囲に負けじと自分がどういう化粧で威嚇するかという頭でいっぱいなのだろう。客が望むも望まざるもお構いなしで刈り上げゾンビメイクに邁進し、秒殺で孤立したハウスマヌカンをそこで思い出す僕は、そろそろ尿酸値も気になる38歳である。

一方で、デザイナーの労をねぎらいたくなるのは、彼らを取り巻く法的縛りが年々厳しくなっていることだ。前後左右からの衝突に対する安全性を確保するために下半分の鉄板面が分厚くなったばかりでなく、最近は万一歩行者を撥ねた際にクッションとして働くようにボンネットも十分な厚みを持つことが義務づけられつつある。反面、燃費への要求を考えると、クルマの前面は新幹線のように薄く丸く仕上げて空気抵抗を減らすに超したことはない。

そういう難解な方程式を解いて幾十ものハンコをもらった苦労の挙げ句なんだから、不似合いなお化粧デビューも大目に見てやろうよ。なんて話はもちろん財布を開く人には通じない。モーターショー目前のこの時期、デザイナー諸氏も尿酸値にはくれぐれもご注意をと案ずるばかりだ。

024

太蔵クンの野望

そりゃあ税金こいつの衣食住に使われてると思うと居たたまれない気持ちになるのは僕も一緒なわけだが、それにしても世間に溢れる杉村太蔵ネタにはもういいかげん飽きてきた。毎日顔みるのも鬱陶しいし、誰か見張っといてくれればそれでええわ……。と、そんな気持ちにもなる。

が、彼の場合、そのお目付役が武部幹事長というところが致命的に心許ない。放言を失言でいさめてどないすんねん……とツッコむ気も失せる脱力感。安倍でなく武部というダジャレのような時の巡り合わせに、杉村様におかれましては運ばれた病院が悪かったとしか申しようが……と同情してあげたくもなる。

そんな太蔵くんが当選後の初っ端からかましてくれたキラ星のような発言のひとつに「夢だったんスよビーエム」というのがある。

国民の逆鱗に触れた歳費や文書費への言及に続いて飛び出したその言葉を聞くにつけ、宝くじにでも当たったように弾けていた彼の中での成功の証は、どうやら料亭・グリーン車・ＢＭＷだったらしい。

それにしても料亭とグリーン車だ。26歳のボキャブラリーが片山さつきの髪型的に価値観の膠着を起こしている実態。それに比べれば彼の発したビーエムという言葉は新鮮だった。

もしもこれが入試試験なら、彼の言葉として僕は迷いなく「ベンツ」で括弧を埋めただろう。かつてジャニス・ジョップリンも浜田省吾もツバを飛ばして唱い上げた、僕ら世代にとっての成り上がりの象徴といえば、なにはともあれメルセデス・ベンツである。

でも太蔵くんはＢＭＷ。

メルセデスとＢＭＷは一見同じようなオラオラ系のクルマを作っているドイツの会社というイメージがあるが、実際に乗ってみるとその芸風は愕然と違う。

ＢＭＷは運転に没頭すればするほどその作り込みが際だってくるのに対して、メルセデスは運転の緊張を最小限に食い止めるクルマ作りを前提にしている。同じ汗をかくにしてもジムとスパのようなその関係は、昔も今も変わりがない。

だからＢＭＷの方は、歯医者やエンジニアのような小難しいお仕事のクルマ好きが求道的に乗るという印象をもってこれまでメルセデスと対峙してきた。

と、ここまでの話ではまるで太蔵くんっぽくないのだが、昨今のＢＭＷはその冷静で緻密なイメージがうまくクール＆タイトなファッションの時流にも乗って、世界的に好調な売り上げを記録している。彼の邪気が振れたとしたら、恐らくはこちらではないだろうか。

党のオジさんたちにボコられてからの太蔵くんは、寂しそうにプリウスのレンタカーの後席に座っているらしい。ＢＭＷを駆って佐藤ゆかりと国会に同伴出勤する、そんな大逆転の絵を描けと彼に期待するのはもう無理な話なのか。ちょっと残念な気はする。

025

東京モーターショーのスパイ戦争

東京モーターショーがいよいよ開幕した……といってもこの原稿を書いているのは10月19日の午前2時。これから僕はマスコミ向けのプレスデーに行く。渋滞と行列を覚悟の上で、子供をラグビーボールのように抱えて会場に突入するクルマ好きのお父さんには申し訳ないなあといつも思う。

でも、プレスデーでは展示されているクルマを悠長に眺めたり触ったりすることが出来るかといえばそんなことはない。同じ穴のむじなであるはずのテレビクルーに頭ごなしに怒鳴られてみたり、開発者に質問しているところをレイザーラモンばりに腰から割り込まれてみたりと、そこには思いやりを厚かましさで塗りつぶすバーゲン会場のような空気が漂っている。元来オシの弱い僕などは、傍らに置かれた販売末期の軽自動車の車内で、グズグズとメモを取るのが精一杯だ。

と、そうしていると横にある同じような処遇の軽自動車の周囲で、必死に物差しを当てている背広の人に遭遇する。或いは目玉の展示車の車内で恋人さながらに延々と語らう背広姿の二人組とか、地べたに這いつくばってそのクルマの底面を撮りまくるまたしても背広二人組とか……。

この人たちは別にコンパニオンのスカートの中身をローダウンで激写しようというわけではなく、得てしてアジア系の自動車メーカーの方々で、展示車の測量や撮影は彼らにとって幕張出張の最大の任務でもある。ここで計測されたデータは成田の通関を易々と突破して故郷に持ち帰られ、根掘り葉掘りと調べ上げられて自分ちの商品に速やかに反映されるというわけだ。

採られる側としては発売1年前くらいのほぼ出来たクルマを並べることもある手前、魔の手から愛娘を守ることは至上命令となる。たとえば今回のショーならレクサスLS辺りは恰好の餌食となることは目に見えているから、多分ありきたりな写真を撮るのが精一杯のひな段なんかに据えられるのだろう。或いは陳列ブースの床をツヤツヤの白にしておくとフラッシュでハレーションを起こすので、秘部が集中する車体底面が撮られづらいなんて話を聞いたこともある。伊東家の食卓みたいなネタも真に受けるほど、やられる方も防戦に躍起ということだ。

そんなショーの会場には、同じく思い詰めだようにクルマや部品を見つめる目つきの悪い背広もたくさんいる。彼らは自動車メーカーの知財部の人々で、先の背広組が持ち帰ったデータを丸飲みして作ったような、要は自分ちのパテントに触れるようなブツがここに転がっていないかとウロウロすることが幕張出張の最大の任務というわけだ。

盗る背広と捕る背広。もしモーターショーで場違いな背広を発見したら、それは不本意なきな臭いお仕事の真っ最中の方々かもしれないのでどうかねぎらいの目で見届けていただきたい。

026

神様、仏様、ヴェイロン様

主要なモーターショーの初日は各社のトップがそこに集結し、展示車の紹介や会社のこれからを説明するブリーフィングが行われるのが通例となっている。先日の幕張でも、全国紙やらキー局やらがブースを取り囲み、そこでは朝も早くから背広同士のお堅いやりとりが繰り広げられていた。

が、僕のその朝の目的は巨大メーカーの建前めいた展望ではなく、今そこにある本音の欲望を確認しに行くことだった。環境への危機感も経済観念もなさそうなガラの悪い同業者がぐるりと取り囲む中、そのブースではブリーフィングが始まり、程なく布に包まれたお目当てが姿をみせる。

ブガッティ・ヴェイロン16・4というそのクルマは、ナンバーが付く市販車として史上初めて400km／hの壁を破ったクルマだ。その法外な記録の実現のためにミッドシップマウントされたエンジンは8ℓのW型16気筒にターボが4基つけられ、最高出力は1001psに達するという。名前に添えられた16・4の数字は16気筒にターボ4丁、そして4駆を指してのものだ。

ブガッティ社は戦前、ベントレー社と共にスポーツカー文化の礎を築いた、クルマ好きにとっては滝川クリステル級のご神体だ。が、戦後はフランスの政策や一族の死去もあって会社そのものが流転を繰り返し、98年以降はVWがその商標を受け継ぐこととなった。

当時のVWの会長だったピエヒ氏というのは、会社の長である以前に歯止めの利かないクルマ好きで、ブガッティという名のクルマを再生させるにあたっては他社のやる気すら萎えさせる朝青龍級の能力を与えることを至上としたため、ヴェイロン開発にあたってはVWグループのノウハウが無遠慮に注がれている。

Ｆ１をも超えたと謳う動力性能のために必携なのは実は１００１psのクソ馬力ではない。その速度で「飛ばない」空力特性と「破れない」タイヤの強度だ。ヴェイロンの開発はこれに妨げられて大難航し、一時は周囲に、４００㎞／ｈなんざ言ったもん勝ちの狼少年と揶揄されたりもした。

そのヴェイロンがいよいよ公道を走り始める。日本での販売元も決まり、３００台限定のうちの15台程度を輸入したいという。

そしてブリーフィングの佳境にいよいよ発表された日本での販売価格――。

「1億６３００万円になります」

これは……もしかして笑うところだったのでは？　と周囲を見回しても、幕張の会場でスピーカー越しに響くその価格に、誰一人として反応する者はいない。というか、あんまりな宇宙が素面で語られていることに、スレた関係者も薄笑いすら奪われたのだと思う。

ハイブリッドvsディーゼルと、環境技術の羅列なるその一方で、こんなきな臭い話も転がっている東京モーターショー。11月6日まで絶賛開催中です。

027

オトコが喜ぶ〝エイジング〟

先日、つい魔が差してクルマを買ってしまった。

衝動買い……というのはその場でポッキリ精算を済ませてこそ成立する豪気な行為だけど、僕の場合はとりあえずその場の1万円で買いの意志のみを示した挙げ句、1カ月以上もお取り置きして金策に駆けずり回ってのご成約だからして、これは単なる弱腰の行きずりでしかない。

ちなみに僕の買ったクルマは殆ど距離の回っていない、俗に言う「新古車」だった。が、これは公取協によって誤解を招く不当表示とされていて、多くの中古車店では「登録済未使用車」などとかえって混乱しそうな呼び方となっている。

その回りくどいクルマに丁重な慣らし運転を施すのが、堪え性のない僕の最近の密かな愉しみだ。

今日びのクルマは部品や製造の精度が高いから慣らしの必要はない――と、クルマを作ったメーカーの側すらも仰せられることがある。そりゃあ確かにそうかもしれないけど、出逢い系サイトじゃあるまいし初対面から即全開というのもあんまり情緒がない。

一般的に「エイジング」と言えば、齢をとり美や健康を損なうという意味に受け取られるけれど、実は男子の趣味の世界では良い意味で「エージング」という言葉が使われるのだ。

たとえばオーディオ趣味の人たちの間では、新品の配線やコンデンサや振動板で組まれたシステムに、最初はやんわりとした音を流し続けて機械を馴染ませるためのエージングは、それを良い音で鳴らすための必須作業と言われている。ステレオを新調した晩に嬉しさのあまりツェッペリン全開など愚の骨頂、最初の50時間は淡々と波の音でも鳴らし込んで愛機を清めたまえというような話だ。

クルマに対してはそんな慈愛があっても、オーディオのことは良くわからない僕はその話を聞いた時、だから電波男はもう……と思い切り蔑んだのだが、実際にエージングの施されたスピーカーを新品と聞き比べると、音の歯切れ良さがかなり違っていて驚かされたことがある。

一方で、クルマにおいてのエージングは、エンジンの回転感覚や耐久性といった実利に差異を生むということ以上に、そのクルマに一定の手間暇を掛けた分の愛着を持つための時間としても有用だ。クルマに情をもって接すれば優しい操作を心掛けるようになり、結果として無謀運転の機会は間違いなく少なくなる。こんなシンプルなロジックで痛い事故が減る可能性があるのだから、国交省は慣らしを義務化してもいいんじゃないかと思うくらいだ。

慣らしといっても何も小難しいことはない。クルマを買ったらせめて最初の1カ月くらいは速度を抑えめにして、新しいお相手の性格を探るように慎重に運転してみるだけでもいい。それは普通の出逢いとなんら変わらない作業だと思う。

028

iPodとラジオ深夜便

先日、担当の若い編集者を乗せて僕のクルマで取材に向かっていた時の話だ。

「ちょっとラジオ借りてもいいですかねえ」

そう言いながら彼がカバンの中からゴソゴソ取り出したのはiPodだった。カーステレオをFMラジオにセットして、周波数をポチポチッと合わせると、そのiPodに収められているとおぼしき曲がスチャラカと流れてくる。どうやら電波でラジオとリンクさせるトランスミッターが装着されているらしい。

「これ便利ですよ。タクシーでも使えますしね」

平然とのたまう彼には、ドライバーが主であるべき車中で平然とケツメイシとか倖田來未とかをブン鳴らされた日の、僕や運ちゃんの気持ちはまったくわからないらしい。飲んだくれた果ての帰りに乗ったタクシーで朦朧としながら聴くラジオ深夜便の、自戒を促されるような切なさも、傲慢なデジタルプレーヤーに割り込まれれば台無しだ。

が、彼が説くには、僕のように色々なクルマを取っ替え引っ替え運転することの多い身には、iPod+トランスミッターというのは画期的なデバイスなのらしい。確かにこれならカーステレオの中に入れたソフトを抜き忘れることも、急ブレーキでCDやMDを車中にブチ撒けることもないだろう。

世の中そんなことになってるのか……。

悔しいやら感心するやらで家に戻り、アマゾンやらヨドバシカメラやらのホームページを覗くと、確かにそこではｉＰｏｄを車内で使うためのアイテムがゴロゴロ売られていた。

ポチッ。

それをクリックした時は半ば瞳孔が開いていたように思う。幾日かして、僕の元には無意識のうちに「買い物カゴ」に入れたｉＰｏｄとトランスミッターが届いていた。これだけ世の中が進んでいるのなら、メール送るのも4万円使うのもまったく同じ手応えというマウスのボタンはどうにかならないものだろうか。

と、文句を垂れてみても、いざ使ってみれば確かにｉＰｏｄのある車内はバラ色だった。音質はともあれ、自分の音楽がこんなにコンパクトに持ち運べて簡単に聴ける環境が世に整っていたとは。これは確かにタクシーでも鳴らしたくなる。

「ｉＰｏｄはねー、シャッフルが醍醐味なんですよ」

ゴキゲンで取材に向かっていた後日、同乗の編集者が先輩風を吹かせながらコチョコチョとマイＰｏｄをイジると、僕の8スピーカーのカーラジオからは、それまでのラモーンズに代わって八神純子が全力で鳴り始めた。

「……誰すかこれ？」

訝《いぶか》しがる編集者と固まる僕。その後に訪れる、ブラウザのお気に入りを他人に見られたかのような気恥ずかしさ。便利と背中合わせの惨忍な仕打ちに、僕は再びラジオ深夜便の男に戻ろうと決意した。

029

『北の国から』の運転技術

先日、調子の悪い家のテレビに見よう見まねの空中元彌チョップを叩き込んでいたら、札幌で平年より13日遅い初雪を観測——というニュースが流れていた。

行くたびに眼前に広がるその倉本聰的な大自然にうっとりさせられて、小娘じゃああるまいに「ああ住みたいわあ〜」と口走ろうものなら地元の人に「1月に来てから言ってください」と一蹴される。確かに冬の北海道は、クルマの運転からして手厳しい場所だ。日中にスタッドレスタイアによって中途半端に磨かれた降雪路が一夜明ければピカピカに凍っていて、普通に歩いていても横山やすしばりにズッコケそうになる。クルマにとってはバナナの皮より恐い「ミラーバーン」と呼ばれる路面状況に平然と出くわすわけだ。

東京なら多重衝突で即通行止めとなりそうなその道を、普通のワゴンRやオデッセイが結構な勢いで走っていく。たまにクルマがズバーと滑ったりするが、すかさず逆ハンドルを切って修正を入れと、そんな大技をジャスコ帰りのオバちゃんが繰り出すものだから、内地もんのレンタカー風情はかないっこない。北の冬は運転自慢の鼻っ柱も容赦なくへし折ってくれる。

そういう日常を過ごす地元の人々の愛車は意外なほど四駆率が低い。雪深い郊外はさすがにそうもいかないだろうが、都市部で見掛ける半分以上は普通のＦＦ車。月でも使えそうなゴツいＳＵＶなんて、夜の渋谷の方がよほど多い位だ。

確かに雪道での四駆は万能というわけではない。朝イチで新雪に囲まれての出庫なんて状況なら威力を発揮するが、轍の強い圧雪なんかだと四駆だろうが一気に滑走していく。札幌辺りになると、悪戦苦闘の傍らをヒール付のブーツを履いたミニスカのお姉さんがガツガツ歩いていくのだから、結局雪道は慣れしかないのだろうかとも思う。

でも、現地の人々の運転をみていてひとつ感心させられるのはアクセル操作の巧さだ。最初の走り始めにタイヤを空転させないような、微妙なコントロールが生活の掟として染みついている。それさえ出来れば最低地上高の高いＦＦ車で十分に北の冬はやっていけるということなのだろう。この慎重なアクセル操作は、平時の燃費稼ぎにもかなり有効な技だ。

ちなみに一部のオートマには「ＳＮＯＷ」と書いたボタンが添えてあって、それを使えば変速機の制御が変わるから雪道での運転は随分楽になる。或いはレバーを「２」に合わせて発進するだけでも気の遣いようは全然変わるはずだ。

……んなことも知らねえで北海道に布のズック履いて来るんだよな東京もんはと、僕は以前、冬のガソリンスタンドで所長さんになじられた。それは店への入路で片輪を轍にひっかけて、10分ばかし営業を妨害したからだ。この時ほど九州生まれを呪ったことはない。

030

平和ボケでも軍用車が大好き！

2～3年前に迷彩柄の洋服やアイテムが流行ったのもそういうことかなあと思うけど、世の中がきな臭くなると、得てして時の文化や流行にも大きな影響が及ぼされるものである。

で、クルマの世界はさすがに単価が高いからそうもいかんだろうと思っていたが、近頃はそうでもないのかなあ……と思わされるのがハマーの人気ぶりだ。

……なによハマーって？

そう思う人も、恐らく一度はその原型を目にしているに違いない。イラクやアフガンの戦地で走り回っている「高機動多用途車」の英字を略して「ハンビー」とあだ名されるアメリカの軍用車。それがハマーのルーツだ。平たくいえば現代版ジープだが、現在の「ジープ」はクライスラーが登録商標を持つ民間向け四駆メーカーになっており、軍需とは疎遠になっている。

ハンビーは世界の軍地で兵士や物資を運ぶばかりでなく、迫撃砲台やロケットランチャーなどを架装して戦車同然に使われることも多い。輸送ヘリに効率よく収められるよう形状や寸法が設定され、車体には落下傘降下を想定した頑強なアンカーも付けられている。トヨタが自衛隊に納入している高機動車はハンビーとデザインがよく似ているが、これは使われる輸送ヘリが米軍と同型だからだ。

そのハンビーを作っていた会社が、軍用をベースに快適装備を施した民生ハンビーを「ハマー」として売り出したのが92年。シュワルツェネッガーの愛車として世界的に有名になったそのハマーの商標をＧＭが買い取り、一般向けとしてハマーＨ２というモデルを出したのが02年。このＨ２が大人気モデルとなり、現在はアメリカばかりか日本やヨーロッパでも若人の憧れのクルマとなっている。元を辿れば軍用車、それが憧れとは何事よ……というお堅い話もあるだろう。が、一方でミリタリーが街にあるという違和感がファッションとして消費されてきた経緯はいつの時代にもある。善悪は別にして、無意識のうちに不謹慎がお洒落と結びつくことは多い。そこにこのクルマも当てはまるのではないだろうか。

先頃日本にも導入されたハマーの最新モデル、H3は多くの輸入SUVと大差ないサイズを持つ、かなり友好的なクルマだ。暑苦しいまでの威圧感を放っていた巨大なH2に比べると小回りも効き、街中での取り回しもなんとかこなすことが出来る。乗り味はいかつい見た目とは裏腹にアメリカ車らしくかなり牧歌的で、走るということに関していえば、物騒なまでに速いポルシェカイエン辺りよりもよほど平穏だ。

エアガンの脅威を案ずるくらいの日本では、ハマーに乗っていてもゲリラから迫撃されることはない。でも、その源にあるのがどういう世界なのか、いくら平和ボケでもそれをかけらも気に留めないわけにはいかんだろうと思う。

031

ハイブリッド親父

先日、所用で久し振りに福岡の実家に戻った。

墓参りのために車庫に向かうと、家にある8年落ちのマークⅡはバンパーやらフェンダーやらが痛々しく削れている。タッチペンやスプレー缶による付け焼き刃の素人修理が災いし、収拾のつかない状態まで患部が黒ずんでいた。自らみすぼらしさに輪を掛けたそのクルマに、僕は昔何発ビンタを食らわされたかわからない、親父の老いを感じ入った。

「もう小さいクルマに換えたらどうよ」

誰もが一目瞭然の年寄りともあれば、わざわざクルマごときで威勢を張ることもない。ならば運転の負担が少ないクルマの方がいいんじゃあないか。道中で口にした子供ながらの気遣いも、親父はまるで受け付ける気配がない。

「駅前に出来たレクサスっちゅうのはええみたいやの」……トヨタのPR活動はここまでクルマに無頓着な男に入れ知恵するほど行き届いているということか。

でも最も肝心な、レクサスでお買い物をするには400万円から――という話は親父にはまるで耳に入っていない様子だった。

「レクサスなんざ十年早いわボケ」

「十年待っとったら命ないわアホ」

先祖の墓参りの車中で罵り合いを繰り広げつつ、8年落ちのマークⅡは淡々と僕らを乗せて走る。

「プリウスでも乗っとればええんちゃうの」

本当はもっと安くて小さいクルマでも充分安全だし経済的だし……とも思ったが、無頓着なりに口答えする親父の言葉の裏には、今度が人生最後の一台になるという覚悟があるように感じたので、僕は親父が死んだ後にせしめて自分で乗り回せるクルマとして、プリウスを勧めてみることにした。もちろんそんな企みは一言も口にせずに。

「プリウスっちゅうのは、あのハイブリッドか」……トヨタのPR活動はこんな田舎の相撲好きの男に入れ知恵するほど行き届いてるということか。

久し振りに実家に戻ってみて驚いたのは、高齢化が進む保守的な郊外で、お年寄りがプリウスに乗っている姿を多く見掛けたことだった。ハイブリッドは環境に優しい。少なくともそういう気持ちをもって、ゼロ金利時代に先細る貯蓄を切り崩し、カローラよりも余計なお金を払ってそれを買ったということだろう。トヨタの壮大な啓蒙はいよいよ実になりつつある。それを実家で実感させられた。

でも最も肝心な、プリウスがモーターを駆使して燃費を稼ぎ――という話は、やはり親父にはまるで耳に入っていない様子だった。

「ハイブリッドっちゅうのはなんや、あのターボとかそげんなのと一緒か」

頭の中でハイブリッドという言葉を、わざわざ真逆に変換しているその人は、定年まで公立中学で教壇に立っていた。教えていたのは英語である。

032

いつかはポルシェ……

最近、周囲のオジさん連中から「スポーツカーに乗りたいんだけどオススメある？」みたいな話を不意に持ちかけられたりする。

年の瀬も真っ直中にしてやけに景気のいい話だ。口には出さないが、実は密かにデイトレやインド債なんかで小金を積み重ねているのだろうか。或いは発情系オヤジ雑誌の蔓延で、世の男子の邪心が人生設計に勝りつつあるのかもしれない。

先日、経団連の奥田さんはこのところの株価を指して国民の拝金主義的な兆候を嘆いていた。確かにこれだけ投資系が鉄火場風情になると、クルマごときにうつつをぬかして張る種銭もない自分が世間に大きく取り残されているような劣等感にさいなまれる。だったら仲間は多い方がいい。買っちゃえ買っちゃえ！　と僕は無責任にオジさんの背中を押しまくる。

そうして話をしていると感じるのは、これから四桁万円のまとまったお金が入ってくる団塊世代で勤め上げのオジさんたちにとって、憧れのスポーツカーというのは実はフェラーリでもランボルギーニでもアストンマーチンでもない、ポルシェだということだ。

確かにスポーツカーの世界において、ポルシェは日本人の心に最も深く入り込んだメーカーかもしれない。なにより、オジさんたちの心の中には昔のサーキットで日本勢をコテンパンにやっつけていたポルシェの姿が強く焼き付いているのだろう。スカイラインが日本を代表する体育会系銘柄になった、その原点は40年以上前のレースでたった1周ながらもポルシェの前を走ったというところにある。

現在も日本の自動車メーカーがスポーツカーを作る上で、性能目標に据えるのはともあれポルシェだ。と、美談化しておいていきなりハシゴを外すような話だが、クルマ作りのプロがポルシェに対して抱いている尊敬の念はスピードにはない。実はその速さを信頼性や実用性の高さと両立しているという点にある。

能力的にはフェラーリともタイマンを張るクルマでありながら、運転には特別な技術を要することなく街中の渋滞もシレッとこなし、小さな車体はスーパーの駐車場でも取り回しに労せず、箱詰特売の天然水2ℓ×6本くらいはホイッと積んで帰れたりもする。婦女子の方々が小ベンツ代わりに使ってもなんの面倒もない世界最速級。これを年に万台単位で作って売り切る凄さを同業のクルマ屋さんはよく知っている。

最新のポルシェは車検の時も横殴りのような請求書が舞い込むこともないから、団塊のオジさんが多少の体裁や使い勝手を考えながら愛でるには丁度いいものかもしれない。来る07年、積年の想いを叶えるべく、銀色のポルシェディーラーに涙目でなだれ込むオヤジの図――。想像しても全然美しくはないが、そこは社会人の後輩として皆さん大目に見てあげて欲しい。

033

お父さんのセダン神話

白い開襟シャツにプリーツスカートという「昭和の清潔」を着せられた鈴木京香をテレビCMでみる度に、この人のまとわりつかない女々しさは俳優業界にあって絶滅危惧種だなあと感心させられる。そのCMに京香様と共演するクルマ。先日発売された「ベルタ」はトヨタが作るヴィッツの兄弟車、つまりカローラよりも小さな4ドアセダンだ。

ベルタの前型にあたる「プラッツ」は、とりあえずヴィッツにトランクくっつけました的なフォルムが仕出しについてくる金魚の醤油差しみたいで、違和感の拭えないクルマだった。

その反省も踏まえてか、トヨタはプラッツの名前を捨て、デザインも全ての外板を専用しつらえとする、なかなか綺麗なセダンをこしらえてきた。ちなみにベルタはイタリア語で美しいという意味らしい。その美貌を自己申告するほど力んだのなら、ベルタの「べ」を強引に「ヴェ」と読ませればいいのにとも思う。

で、時同じくして、日産は「シルフィ」をフルモデルチェンジする。こちらは辛うじて残るペットネームが示すとおり、昭和のお父さんのささやかな憧れだった「ブルーバード」の血筋を汲んだ4ドアセダンだ。

ブルーバードといえば、かつてはサニーとはひと味違う機敏な走りが特徴で、内に秘めた男のワル心にビタでハマる銘柄だった。が、サニーも亡き今、シルフィというティッシュのように柔らかそうな名前が上に立つそれは、環境に優しい温厚な走りにして内装がティアナ並みに豪華という、虫も殺せなさそうなクルマに変身している。

と、ここで働き盛りの読者の皆さんは「なんでわざわざセダンを買うのよ」と思うことだろう。今やワゴンやミニバンで葬式に行っても問題ない、世間の認識はそうなっているのに、と。

シルフィやベルタ辺りの小型セダンを支えているのは、実はワゴンをバンと斬り倒す年配の方々だったりする。クルマの礼装はトランク付という世代の美意識と、日頃の扱いやすさとが折り合いつくこのクラスは、メーカーにとっては無視出来ない台数が売れる、今後も堅実な票田だろうという目論見があるのだろう。

でも、年配のお客さんに対してシニア感を匂わせるのはマイナスだし、売るからには他の世代からも票を集めたい。そこでメーカーは第二の小型セダンユーザー像として30代後半の女性に目を付けたというわけだ。それゆえ、シルフィ然りベルタ然りで、各種イオン放出エアコンを採用したりハンドバッグを手許に置けるようにしたりと、女性ウケ対策には念が入っている。

トドメに京香様のご足労を乞う一方で、やっぱりベルタをヴェルタとお年寄りに読ませるのはキツイかなという迷いもあったのだろうか。ともあれ市場の動向を邪推するのは、若造的にもちょっと面白い。

034

走るな、アシモ！

先日、こんな夢を見た。

夜、近所の店でしこたま飲んだくれての帰りがけに、オシッコが我慢出来なくなり、壁に向かって用を足していたときのことだ。向こうの電柱に視線を感じて振り返ってみると、市原悦子ばりに半身を覗かせて、アシモがじっと睨んでいる。

なんだよアシモかよ、驚かせやがって。

無視して用を済ませようとすると、アシモが手錠を片手にこっちに向かって走ってくるのだ。赤文字で「ＨＯＮＤＡ」と描かれているはずのお腹にはなぜか「警視庁」と描かれている。

えっ、えっ、ええーっ?!

しまう物もとりあえず慌てて逃げようとするが、明らかに僕よりもアシモの方が脚が速い。シャッコシャッコという不気味な作動音がどんどん近づいてくる。

この歳で立ちションなんて堪え性のない罪で逮捕なのオレ？　なんでこんな作り物のコワッパに追い回されるのよ？　なんで～？

と、ここでフガッと起きることになったのだが、こんな夢を見てしまうくらい、このところ僕はアシモに恐れを感じている。

きっかけは先月の、最新型アシモお披露目のニュースをテレビで視てからだ。

今度のアシモは従来の倍、時速６㎞で走ることが出来る。左右の足運びの間には一瞬ながら両足が地を離れる、そんなところも人間に近づいているという。

その走行デモが衝撃的だった。両手を振りながら8の字を描いて淀みなく走る姿に僕は、初めて人がアシモに超えられる、そして自分がとっちめられる日が見えたような気がした。アンヨは上手と赤子をあやすような微笑ましい眼でそれを見ていたのはついこの間の話だ。ニューアシモ……と書くとどこぞの温泉ホテルみたいだが、コトはそんなに悠長ではない。この進化を呑気に喜んでいてもいいのか安藤優子よ。その日、僕はニューアシモを褒め称えるキャスターたちにツッコミを入れ続けた。

アシモ開発の主たる狙いはオフィスや家庭生活の補助介助にあると聞いている。身長を120cm付近に設定しているのも、一般的な間取りの家屋の動線で自由に動き回れるサイズが小学生程度……という統計値に基づいてのことだ。

その中でアシモは、人間にとっての重労働を担うことになる。たとえば徹夜で看病をしたり体の不自由な人をベッドまで抱えたり、重いものを運んだり雪かきをしたり……と。そんな家庭用ロボットは先々、自家用車と同等の普及をみせるのではないか。そこにホンダは商機をみいだしているし、国家も産業創出の柱として期待してもいる。

その途上にあって、アシモの態度は着々と人間の領域に近づいている。すっかり女が強くなった世の中で、アシモにまで追い越され罵られたならば、男は何を生き甲斐にしていけばいいのか。ともあれヤツの動向には要注意である。

035

タイムサービスで半額！　の道路

仕事が終わってどこかで飲むでもなく、ひとりメシ確定で家に帰るにあたり、牛丼屋も切ないからと立ち寄るのがデパ地下だったりする人は割と多いと思う。

僕の場合は渋谷駅の地下にある東急フードショーがお定まりの場所になっている。そして狙うはもちろんタイムサービスだ。

そこは場所柄か、やはり仕事帰りのOLやサラリーマンが多い。9時閉店の直近、8時半辺りになると身も心も飢えた我が好敵手たちが続々とお祭り騒ぎの地上から降りてくる。そこで最も熾烈な争いとなる寿司コーナーなどは、コーチのバッグを抱えたエビちゃん風やiPodをイジくるタイゾー風が遠巻きに徘徊し「半額」シールの貼られるその時を虎視眈々と狙っているというわけだ。

金曜日辺りにその光景を端からみていると痛々しくて仕方がない。音楽聴きながらパック寿司せしめるヒマがあったら娘ナンパせえよ若いの……。そう思いながらもシールが貼られた瞬間に勇んでシマに飛び込む来週39歳オレは端からみるとどういう生き物なのだろうか。家に戻ってホクホクと戦利品を頬張りつつも、強奪の衝撃でパック内に散らばったイクラの残骸をみつめてふと我に返る。

そして、こんな仕事をしていながら鈍いよなあとラーメン屋で新聞を読みながら反省したのは、そんなバトルが目先のデパ地下ばかりか道路上で催されていたことを知らなかったからだ。

ETC装着車の特典のひとつとして、時間帯や距離による通行料金割引があるが、その制度の多くは深夜の時間帯に絡んだものとなっている。たとえば大都市間100km圏内を走る場合、午後10時から6時の間に出入りをすれば通行料金が半額になるとか、それ以上の長距離でも午前0時から4時の間に出入りすれば3割引になるとか、そういう区割りになっているわけだ。

たとえば大阪から東京を走れば高速料金は普通車でも1万円超、特大車の場合は3万円超となる。午前0時以降にETCゲートを通過すれば3割引で1万円近くのお金が浮くとなれば還元の手応えはパック寿司の比ではない。そりゃあ一匹狼のトラックの運ちゃんだってデパ地下状態で時間を潰したくもなるだろう。

午前0時前の東名高速では、それ待ちのトラックがサービスエリアではまかないきれず、本線上の路肩まで占拠して危険極まりない――というのがその新聞の記事だった。言われてみれば、確かに最近は夜半のサービスエリアに加えて、高速バスの停留所などにも長距離トラックが溢れているところをよく見掛ける。

夜中に路肩駐車は当然危険極まりない。はよどうにかせえと思う一方で、半額ハンターとして運ちゃんの気持ちは痛いほどよくわかる。強くは出られない僕は、情けなくも左車線に注意しながら粛々と夜の高速道路を利用する今日この頃だ。

036

与野党逆転！　ベンツとビーエム

近頃、長丁場の便所なんかでモテオヤジ系雑誌をパラパラとめくっていると、そこに出ているオヤジモデルたちについ溜息をもらしてしまう。

なんでこいつらに限って腹も出ないし毛も抜けないいんだよ神様、と。

歳と共に落ちる体力と重なる脂肪の相乗現象を見なかったことにして生きている僕にしてみれば、こういう、いいカラダのオヤジたちというのは普段どんな焼酎と焼き鳥を食べて生きているのか想像もつかない。

そして改めて、そこに出ている服や靴がデブの扁平足にはイジメとしか思えないようなシェイプのものばかりであることに、また溜息をもらすわけだ。

おまえ値札以前に物理的に不可。写真は残酷にそう言い放っているかのようだ。財布に毎日霜降りが食えるほどのお金がありながら、それを辛抱してササミをかじりダンベル振り回しているのかと思うと、タイトな服を着てスポーティな生活を装っているセレブの方々も大変だなあと思う。

ところで、先日発表された総計によれば05年、ＢＭＷがとうとうメルセデス・ベンツの世界販売台数を抜いたのだという。与野党逆転。これは歴史的にみてもちょっと衝撃的な事態だ。

最大の要因はそれほど深刻な話ではない。昨年のメルセデスのラインナップがちょうど端境期にきたということにある。特にＳ・Ｅ・Ｃクラスという中核のセダン３台が足並み揃えてモデルライフ末期に入ってきた、つまり買い控えムードにあったことが大きい。

対するBMWは、最量販モデルの3シリーズが全面刷新の年だったこともあり、台数が一気に乗ったことが考えられる。が、その他のモデルも含めて彼らがここ数年、着実にシェアを伸ばしていることも確かだ。

自らを「駆け抜ける歓び」と評するくらいだからして、BMWのクルマの最大の特徴は時にポルシェも真っ青にさせるほどのスポーティな走りにある。対してメルセデスの美点は、ドライバーに極力緊張感を与えずに最短の時間で遠くに運ぶ大らかな速さにあった。つまり血の気の多いクルマ好きが選ぶのが前者、その他大勢は後者……という両車の振り分けは世界的に成立していたわけだ。

そんなBMWがメルセデスの票田を脅かしつつある背景は、やはりタイトなシャツの胸ぐらを開け放った今日的なセレブ様の演ずる攻めのライフスタイルにクルマのイメージが報いているからなのかもしれない。対して僕のような、ボタンを開けても心臓発作でERに来た人にしかみえないライフスタイルに報いてくれそうなのは、京塚昌子級にふくよかな乗り味を持つメルセデスだ。

みんなそんなに焦って、盛って生き続けてどうするんだよ。このところ、僕は今までのクルマ人生の中で最も身近にメルセデスというブランドを感じている。

037

三菱自動車の秘蔵っ子、デビュー！

クルマのラジコンやプラモデルを作ったことのある人なら、タイヤやゼンマイやシートなんかを載せていない「床」にあたる部品が箱の中にゴロンと入っているのを知っていると思う。

大雑把に言うと、実際のクルマで「プラットフォーム」と呼ばれるのは、それにあたる部位だ。一番かさばるエンジンはここに積んで、サスペンションはこういう動作にして、シートはここに置いて、万一ぶつかったらここを潰して……と、すなわちコーナリング性能から居住性から衝突安全性から、クルマの基本性能はほぼ全部プラットフォームで決まると言っても過言ではない。用途と建ぺい率・容積率で建つものが決まる、まさに不動産業界で言うところの「地べた」と同等だ。

三菱が久し振りに完全刷新したプラットフォームは、限りなく後ろ寄りにエンジンを積む軽自動車用のものだった。先日発表された「i」がそれを使った第一弾のクルマとなる。

地べた的にみると、軽自動車の敷地面積というのはお上の法規に縛られている。98年以降の基準としては3・4m×1・48m以内というのがその枠だ。

この中に必要なものを全部詰め込みつつ、小型車に負けないゆとりは欲しい。そこで殆どのメーカーが採ってきた前置きエンジンのプラットフォームを使って広さを得る方法として、劇的ビフォーアフター的に言えば、達人鈴木は屋根を高くして家族を食卓の椅子のような背筋の伸びた姿勢で座らせることによって前後席間を詰め、荷室にも余裕を持たせたわけだ。そうして登場した「ワゴンR」は軽自動車のあり方を一変させるヒットとなり、以降各メーカーは軒並みこの工法を採り入れることとなる。

iはそれらとは真逆で、コンパクトなエンジンを後ろ側に積み、後輪を駆動する。従来エンジンがあるべき前部がまるまる空いたことで、衝突時に衝撃を吸収する構造材も理想的に配することが出来、乗員を前寄りに広く座らせることも出来た。タイヤの配置も全長いっぱいまで使うことが出来るから、上下の跳ねが低減され、乗り心地もいい。一方の弱点は使い回しが利きづらく金が掛かるということだが、三菱はそれを承知の上でこのレイアウトを採用したのだろう。

そんなiの性能を最も端的に表しているのが、かつてなくタマゴ風情な見てくれだ。前側にエンジンがあっては実現不可能なデザインは好き嫌いも激しそうだが、これもまた彼らの覚悟の一端だと思う。

もちろん、一連の不祥事による三菱への不信感はまだまだ残っている。かくいう僕も方々で三菱なくても買うクルマには困らないと偉そうに書いてきたクチだ。が、リスクを承知で独自性をもって現状を打破しようとする、その開発者の姿勢は人として見習うべきところがあるなあと思う。

038

どこぞの芸能人の豪邸に、アウディ

懸案だった引っ越しが終わって、新居の一部屋にうずたかく積まれた段ボールに囲まれながら原稿を書く日が続いている。あるモノを片っ端から詰め込んだ挙げ句100個は超えただろう堆積物をみては「捨てられない」自分の貧乏性を嘆くばかりの今日この頃だ。

しかも、その貧乏性が結果として二重の出費を招くこともある。昨日も必要になったパソコンのUSBケーブルがどの箱に入っているやらわからないものだから、仕方なく近所の電気屋に出向く羽目になった。

まったくもう……。

ブリブリ腹を立てながら歩いていると道すがらのご近所に、タモリかB'zでも住んでいるんじゃあないかという勢いの豪邸を発見した。表ヅラはハト小屋のように小さな窓しかない打ち放しの建物は、高齢化の進む旧い住宅街にあって、戦下の収容所かトーチカでも思い起こさせる物騒な佇まいをみせている。

渡辺篤史もツッコミどころを見失いそうな、こういう隙なしのデザイナー物件に今、もっとも収まりのいいクルマといったら一も二もなくアウディだ。案の定、そこの格納庫にも最新のA6のワゴンが置かれていた。

お金持ちの奥さんや娘さんのアシとして赤いアウディが人気を博したのはひと昔前の80年代のことだ。かつてはダンナさん用の大ベンツとツガイで売れたというそれは、お嬢様だのと悠長なことも言ってられなくなった90年代アタマに急速にその求心力を失い、アウディの地位はジリ貧に近いところまで墜落していた。

それが今や飛ぶ鳥を落とす勢いである。05年度の輸入車販売シェアでは悲願のボルボ抜きを果たし、遂にVW・ベンツ・BMWのトップ御三家に追随する4位まで浮上した。

ここに至るまでアウディが行った啓蒙活動は、他のメーカーとは一線を画していた。増上寺の境内を借り切って新型車をお披露目してみたり、箱根の山奥でクルマを置いてジャズを鳴らしてみたりと、鈍い一見《いちげん》には不可解なプロモーションを真顔で繰り広げることによって、お財布ではなく美意識において ユーザーの選民意識をくすぐる。つまり、アウディ=先鋭の印象を曲解で刷り込んだわけだ。

ディーラーには大決算のノボリも紅白の幔幕もない。もちろんご来場記念で新米4kgなんて断じてあり得ない。病院のように小綺麗な店内で、油を燃して走るクルマなんてものを買いに来たことすら忘れさせるような気分にお客さんを誘う。そんなアウディの商法はレクサス辺りにも大きな影響を与えている。

生ゴミの気配などかけらもない、ドラマのような暮らし向きを息苦しいとも思わない、そんなトッポい方々が日本にも増えてきたということなのだろうか。アウディの売れ行きは「片づけられない」僕の喉元にナイフでも突きつけているような気がする。

039

お父さんの避難場所として

クルマを選ぶ時は人それぞれ、使い心地や色デザインや燃費やなんや……と様々なことを考えるのではないかと思う。

周囲にはバッタ男と呼ばれるほどお値打ちが好きな僕とて、なにも赤札一本でクルマを選んでいるわけではない。隠れたテーマとなっているのは、そこが音を聴く場所に相応しいか……ということだ。

家族や住まいの事情を考えると、好きな音楽を心おきなく聴きまくれる場所がない。それは多くの人々が抱える悩みだと思う。そして、その辛抱の発散どころがどこにいくかといえばクルマの中、というのはわかりやすい顚末だ。

先日、某カーオーディオメーカーの担当者に聞いた話だと、最近は車内を5・1chサラウンド化するミニバンユーザーが急増しているという。カーナビの普及で液晶モニターとDVDの再生環境が車中の標準品となりつつある、それを活用して車内を一気に映画館にしてしまおうという目論見らしい。走行性能よりも停車性能を重視する昨今のこの状況を憂うスパルタンなクルマ好きの方も多数いらっしゃることだろう。

でも、お茶の間でゴチャゴチャ配線を回して5つのスピーカーを置いた挙げ句、嫁のイビキよりも小さな音量でしか楽しめないサラウンドなら、いっそクルマで宇宙戦争でも視た方がいいんじゃあないかという話もわからなくはない。ましてやミニバン持ちなら、あれだけ広いドンガラを有していれば、なにか賑やかしに光りモノや鳴りモノも積みたくなるのだろう。もちろんカーオーディオメーカーにとってその人々は、黙っていても一人で山盛りのスピーカーを買ってくれる上得意だ。客単価的にはそれまでの軽く3倍以上、平均すれば40万円くらいに跳ね上がっているという。

この、日本の住環境を原動力としたカーAV市場でのユーザーの財布のひものユルさ……みたいなところは、普段手塩にかけた商品を客に値切り倒されている自動車メーカーもよく把握していて、最近は新車のオプション等で立派なカーオーディオが設定されているものも多い。10万円前後のお金を足してもらえればこんなにいい音が聴けますよという話で、車両代とは別腹を誘うわけである。

上限に近い例として、セルシオに装着されるオプションのオーディオはナビシステム込みで67万円近い値札だ。4年は幸せに乗れる中古車を選べるほどの額だが、家庭用オーディオの世界で名を馳せるマークレビンソン社と共同開発したそれは、家に平井堅が遊びに来たような生々しい音を聴かせてくれる。テレビを消していても上沼恵美子のように良く喋る奥さんが、これに聞き惚れて静かにしていてくれるならまあいいか……というダンナさんの気持ちに応える、ある意味これは快適な車内生活の秘策なのかもしれない。

040

〝原田の200g〟はいくらなの？

翌週の出張を控えて出来るだけ多くの原稿を入れておきたかったものだから、トリノ五輪の始まった週末はひたすら机に向かいどん兵衛をすすりながらパソコンのキーを殴り打っていた。で、ちょっとメドの立った月曜の夜明けに、さて世間話でも仕入れるかとテレビをつけたら、いきなりみのもんたが怒鳴っている。

番組が7コも映る機能をもっている我が家のテレビで、つけた途端になんでわざわざみのが現れ、朝っぱらからこんな不快な想いをしなければならないのか。

こっちも負けずに激憤しながらもとりあえず理由を聞いてみれば、どうやら原田雅彦がジャンプの予選で規定より200g体重が足りなかったために失格になった、それに対しての御大お怒りということらしい。

勘違いとはいえ、ウンチ一回にも満たないたった200gの管理にしくじったくらいで門外漢に全国ネットで頭ごなしに叱られる。五輪選手の怖さや厳しさに比べればウチらの世界なんかユルいもんで……と思ったが、実はこんな話はクルマの中にもあったりする。一番身近なところにありながら軽視されがちな数字として、クルマの体重はまさにそれにあたるだろう。

新車を購入した時には3年分、その後車検のたびに2年分を一括でと、我々は重量税という名目の税金を払っている。

重量税の区分は車重によって決まり、1000kg以下、1500kg以下、2000kg以下という具合に500kg括りで料率が上がっていく仕組みだ。

これがどういうことを示すかをトヨタヴィッツを例にとって考えてみよう。エアコンやパワーウインドウなど、一通りのものがついている量販グレードの「F」には、3気筒1ℓと4気筒1・3ℓのエンジンが設定されている。

単純に、排気量の大小によって走りのゆとりと自動車税の額は比例する。要するに排気量が大きい方がより楽チンというわけだが、こうしてチキチキとランニングコストを計算する上で、うっかり忘れがちになるのが件《くだん》の重量税だ。

ヴィッツFの場合、1ℓ版のカタログ車重は980kg。それに対して1・3ℓ版は1010kgとなる。つまり同じグレードでも重量税は1001kg以上か未満かで異なるわけで、その差額は6300円／年と微妙に大きい。家族でくら寿司一回分というその額もさることながら、たった10kg越えただけで余計なお金をくれてやるという行為自体が後々イライラの遠因になりそうで、僕ならこの場合、多少非力でも意地で1ℓ版の方を選ぶと思う。

新車購入の際は3ケタ万の払いの中に紛れ込んで目立たないものの、車検の際にその紙一重の差を知り唖然としても後の祭りだ。原田の200kgを教訓に、この3月決算でクルマをお求めの際にはぜひカタログで車重確認をお忘れなく。

041

高速回転でも震えません!

「ウチのクルマ、近頃走ってると震えるんだよね」

先日、友人と飲んでいて突然そんな悩みを持ちかけられた。彼の愛車はBMWの320i。高い実用性の中にドイツらしい精緻なメカニズムを盛り込んだ「味」を語れるクルマだけに、些細な振動も気になって仕方なかったのだろう。

一方の僕はといえば、店のテレビでフィギュア公式練習をうっとり視ていた最中だったので、当然そんな油臭い話に貸す耳はない。そらクルマなんざ震えてナンボやて。適当に聞き流しつつ、眼は荒川静香の黒タイツ&エビ反りにがっぷり食らいついていた。

ちょっと難しい話になるが、クルマが不自然に震える理由はざっと大別すると2つある。1つはエンジンの側から、もう1つは足回りの側からくるものだ。

多くのクルマが採用している直列4気筒という形式のエンジンは、厳密に言えば掛かっているだけで多くの振動を発生する。対して、彼のBMWに積まれた直列6気筒やV型8気筒といった形式のエンジンは物理的に振動が発生しない。1つのピストンが起こした爆発の振動を即座にもう1つの爆発で相殺する。そういう行って来いの自律操業関係が後者の場合は構造的に成立しているわけだ。が、現在は偏心の重りを回して振動を相殺したり、エンジンとボディを接合する部位の解析・改良が進んだ結果、直列4気筒も滑らかな感触を持つに至っている。

ちなみにその、エンジンとボディの接点に使われているのはネジや溶接のような硬いものではなく、ゴムの塊のようなむしろソフトなものだ。人間でいえば節の軟骨にあたるここに柔軟性をもたせることで、クルマは不快な振動を低減しているというわけである。

その、軟骨相当のゴムは足回り、すなわちサスペンションにも多く用いられている。理由は同じで、道路の凸凹などからくる細かい振動を取り除くためだ。高速道で特急電車並みのスピードを出しながら、時に睡魔まで襲ってくるのは、その一見ちっぽけなゴムが余計な緊張感を拭ってくれているという点が大きい。

クルマにとっては夜の営みと同じ位に重要なそのゴムは、ゴムがゆえに経年変化を起こして劣化する。足回りなどであれば時が経たずとも、輪留めに乗り上げたような衝撃で変形してバランスを崩す、そんな儚い部品でもある。タイヤも換えたばかりという友人のＢＭＷは、多分アシのそれを患っていたのだろう。

村主章枝のシメ技である一糸乱れぬ高速スピンは、吐くほど整体に通っての厳密な体の芯出しあってのこと……。勝手に推する僕は、クルマの世界に「アライメント調整」という足回りの整体があることを知っている。もしタイヤも換えたのにハンドルがブレるなんて時にまず疑うべきはアライメント。結局友人にそれは教えないままだったけど。

042

インプレッサという東洋の神秘

フランス在住のスバルインプレッサオーナーに「なんでそんなクルマ乗ってんのよ」という話をわざわざ聞きに行ったことがある。

日本人的感覚としては金髪の外人、しかもフランスとくれば花形満ばりに首にスカーフでも巻いて、プジョーやルノーのスポーツモデルを小粋に乗りこなしていて欲しいと思うものだ。

が、パリ郊外の待ち合わせの駅前に現れた彼は、到着1分前からおでましがわかる爆音そしてシャコタンのそれを乗り付け、スバルチームのラリーブルゾンをパッと羽織って「ボンソワール」とのたまった。こちとらパスポートを握ってはるばるやってきたのが越谷市、みたいな気分である。

「だって、他にないじゃんこんなクルマ」

サービス精神もなく合理的に斬り捨てた彼の言葉通り、インプレッサのようなクルマというのはよそを見回してもほぼ皆無に等しい。

泥のF1とも言われるラリーの世界選手権「WRC」を戦う過程で開発された電子制御の4輪駆動+高出力ターボエンジンというメカニズムは、90年代の日本車にとってカルト的なシンボルとなった。そこに参戦するインプレッサ、そしてライバルである三菱ランサー間の技術競争が過熱した結果、世界のどの自動車メーカーも追随出来ない極限に達してしまったわけだ。

その機構が搭載された最新のインプレッサやランサーの価格は日本で340万円前後。で、得られる加速や旋回の能力は1000万円級のスポーツカーも食い散らかすほどだ。サーキットを走れば内臓がねじれるほどの前後左右Gを発するそれに乗った後、僕はお腹を壊して便所に駆け込んだことがある。クルマにあたって下痢をしたのは後にも先にもその時だけだ。

その桁外れな性能を固有の文化として邪心なく受け入れたのが、前述のような海外のクルマおたくだった。ジャパニメーションと同じく彼らにとってインプレッサは東洋の奇跡であり、或いは寿司や漢字のような東洋の不思議でもある。

先日、インプレッサは上代480万円余という限定車「S204」を発売した。ベース車よりも140万円近く高く、BMWやアウディの売れ筋と価格が変わらないその値札の使い道は、外からはみえない足回りやエンジンの性能と品質向上に地道に注がれている。数少ない目印は、一脚70万円余というレカロ製のカーボンバケットシートが前席に二脚ついていること位だ。

同じ趣旨と価格帯で昨年登場した限定車「S203」は一瞬にして555台が完売。味を占めての登場となったこれも発売1カ月余で400台近くが売れたという。480万円のスバル乗っても街じゃあオシ効かんだろう……というスケべ心に動じないおたく魂が、他にはないこれを貪欲に消費している。クルマ好きにとっては妬ましいどころか励まされるようないい話だ。

043

元祖〝ミニバン〟の偉大さよ！

マツダMPV、そしてトヨタエスティマ。共に日本の「ミニバン」の始祖ともいえるクルマだ。示し合わせたように同じタイミングの平成2年にデビューした両車は、今年に入りこれまた示し合わせたように相次いでフルモデルチェンジを敢行した。

商用バンの広い荷室に定員分の椅子を並べた的な作りだったそれまでのものとまったく違う、専用のメカニズムとデザインを持つ快適でスタイリッシュな多人数乗り大型ワゴン。それをミニバンとおっしゃる国、アメリカのニーズとスケールに合わせて作られたこの両車は、巨大なサイズをものともせず、日本でもそこそこの販売を記録した。

そのずんぐりした恰好をファミリーカーの標準として認知させたという意味でも、エスティマとMPVの果たした役割は非常に大きい。芸能人も環境大臣も移動に使っている。ボディカラーさえ血迷ってなければ冠婚葬祭にも乗っていけると、ミニバンの地位や用途の境目を取っ払ったのもやっぱり両車の功績だ。

そんなこんなも経て登場した三代目のエスティマとMPVには、やっぱり示し合わせたかのごとく共通する特徴がある。

ひとつは背が低くなったことだ。エスティマで約40㎜、MPVは約60㎜も車高が削られた。クルマ的に言えばこの位の数字の増減で、見た目も性能もはっきりわかるほどの差が生じる。

容量命であるはずのミニバンの背丈を低くするというのも本末転倒にみえるが、そこでの最大のメリットは、重心が低くなる＝走りが安定するということだ。

横風やカーブでのぐらつきを抑える専用タイヤ――みたいなものもあるように、ミニバンにとってそこは今まで居住性と引き換えに犠牲にしていた部分だった。が、床面自体を低くすればそのぶん全高を下げても空間は削がれないし、乗り降りの動線も小さくて済む。技術的には難しいそれを3年前にホンダオデッセイが実現して以降、ミニバンの世界では低床バリアフリー的工法がもはや当たり前になりつつある。

もうひとつの共通点は、3列7人乗り空間の真ん中2席の快適性を徹底的に高めたことだ。爆発的にスライドするシートはアームレストに加えてオットマンが設けられるなど、そのだだっ広さは殆どビジネスクラス並み。手綱は運転席に丸投げされ、女子供は遠い向こうの後席で寛ぎ放題というミニバン固有の断絶感は相変わらずながら、そこに背を低くしたことによるキレのいい走りをもって、お父さんのニンマリも加えたというのがエスティマとＭＰＶの核心というわけだ。

個人的には飛ばせるミニバンという情緒不安定なコンセプトは解せないが、現にこの2台は初手から猛烈に売れている。結果的にオットマンまで符号した、両社の市場の読みの確度には感心するしかない。

044

外車も安くなったものです……

それでなくても東京都下でクルマ2台に駐車場3台分という、傍目にはマヌケなブローカーまがいの生活をしている手前、せめてそれ以外の物欲は抑えようと日々心掛けてはいる。

と言いつつも、たまに時計なんかが欲しいなあという不相応な欲求にかられて、海外出張の折りに現地の時計店や空港の免税店をホクホクと覗くわけだ。

が、これが日本より安かった例しがない。為替の問題を差し引いても、ポイントカードのマジックに惑わされても、新宿辺りの家電量販店で買うた方がよっぽどええわという話になる。

つたない自分の知識でいえば、娘さんが大好物なブランドもんのカバンだって香水だって軒並みそうだ。ドバイに行こうが上海に行こうがダメ。三桁国道沿いのディスカウントストアの方がよっぽど気の利いた値札を下げている。

じゃあなんで日本のバッタ屋はあんな安値つけられるわけよ？

と、いつもそんな不思議をおみやげに成田の税関に立つものだから職員も不憫に思うのだろう。僕は今まであそこでカバンを開けられたためしがない。しまいには麻薬犬にまで靴を舐められる始末である。

今や舶来ブランドは日本が一番安いんじゃあないか。それをクルマに当てはめることはさすがに難しい——と思っていたら、近頃はそうでもなくなってきた。

身近なところでいえば「VW」ことフォルクスワーゲンだ。23日に発表されたパサートは、日本でいうところのレガシィやアコードクラスのセダン／ワゴンとなる。となれば２００万前〜中盤辺りの価格帯を想像するところだろう。

そのパサートの価格はセダンで３１９〜４３９万円。なんだ、やっぱり高いじゃんとお思いの方もいるかもしれない。が、同等グレードの地元ドイツでの価格は約２・８万〜３・７万ユーロ辺りと聞くと旗色はがらりと変わる。現在は１４０円に届くユーロ高という事情もあるものの、仮に１３５円でそれを計算しても約３７０〜４９０万円台と、日本の価格の方が50万円前後は安いわけだ。

確かにこのところ、ＶＷは日本での拡販に並み並みならぬ力を注いでいる。ドイツからの肝煎りもあるのだろう、ここ1年で登場した新型車は軒並み本国価格に比べると安いものばかりだ。

輸入車全体の年間販売台数は27〜28万台、日本市場での年間シェアは４・５％前後で停滞している。その中でＶＷは輸入車シェア1位の座を定着させているのだが、販売台数自体はやはりここ５〜６年、概ね変わっていない。

そこで輸入車のプライスリーダーでもあるＶＷが切った勝負札は、恐らく周囲の輸入車ブランドにも少なからず影響を与えるだろう。いわば逆レクサス現象とでもいうべきこの事態、子豚貯金箱を抱いてドキドキしながら見守りたいと思う。

045

〝ハイエース〟という名のホテル

ご察しの通り、自動車ライターの仕事というのは誰よりも遠く、血へどを吐くまで走り続けた者こそが星になれるという、今どき痛々しいほどの体育会だ。

だから僕も、たまには漢《おとこ》の生き様を見せとくかと愛車を駆って地方取材に出掛けるのだが、帰りの深夜の道中では眠いやら淋しいやら明日の仕事は心配やらで泣きたくなることもある。

以前ならそんな時、一人でとっとと連れ込みのビラビラ暖簾でもくぐって蒼井そらでも肴にビールでも飲んで寝ていたのだが、この歳にもなれば仮にあらぬ嫌疑を掛けられたとして、その言い訳ひとつが胡散臭いし見苦しい。若さでゴメンがもはや通じない僕は、這ってでも高速道路に乗ってサービスエリアでシートを倒した方がよほど安心して体を休めることが出来る。

そんな一晩をたまに過ごして思うのは、ここ数年、車中泊をする人が本当に増えたなあということだ。

聞けば仕事をリタイアして時間が出来たので、奥さんと全国をのんびりクルマで走り回っているという。で、バカにならない宿代を浮かすために簡易の設備をもったキャンピングカーで週に何回かは寝泊まりしているということらしい。

だったらあそこのビラビラ、平日ノータイム３８００円でメシ付ですよ。

うちの父兄と10歳も変わらぬご夫妻に、どちらかといえば及川奈央好きな僕もそんな知恵は吹き込めない。

彼らのような、いわゆる熟年キャンパーというのは今や日本の名勝の端々にいる。以前は夜中になれば暴走族のブルペン同然だった道の駅も、今や熟年キャンパーの夜の社交場と化しているところが多い。

彼らの多くが乗っているトヨタハイエースは、専門業者の手によって架装されたキャンピングカーを300万円前後の予算で手に入れることが出来る。もちろん網戸やカーテンやサブのヒーターやと、必要に応じてオプションを加えると値は乗るが、それどもドイツ車1台買うことを考えれば出費は似たようなものだ。2人ぶんの荷物と就寝のスペースには充分な広さ持ち、普段は5人乗りの自家用車としても使えるのだから、老後の1台としてこれは悪い選択肢ではない。

おまけにハイエースはクルマ版スーパーカブと言われるくらいに頑強だから、よほどの重架装を施さなければ安いコストで充分維持し続けられるだろう。ちなみに万一、主が先立つことがあっても中古車市場での残価率はバツグンなので、線香代の足しには替えられるというメリットもある。

ケータイの目覚ましを1時間後にセットして、狭いRX－7の中でカバンを枕に意地の仮眠を決め込む僕と、それを横目に星空を眺めながら酒をチビチビやる夫婦。平日のサービスエリアにまで持ち込まれた人生模様に、僕は自分の未来を案じてしまう。まあ、仕事はあるうちが花だけど。

046

実は余裕なんでしょ?　レクサス

レクサスの売れ行きが芳しくない――という話があちこちで囁かれている。

特に、昨年8月の開業から05年内に2万台を売るという計画が、半数程度しか達成出来なかったことへの反応が想像以上に大きかった。まあトヨタ銘柄の鉄板ぶりを考えると、目論見の半分という話は充分に大事件ということだろう。

が、冷静に考えれば日本での新参者が、客単価400万からのクルマを早くも1万台売ったことの方がよっぽど一大事だ。ライバルと目されるメルセデスやBMWは何十年もかけて日本で地歩を固め、下は200万円台からいくつもの車種を用意してやっとこさ年間4万台前後を売る体制を築いてきた。「高級」を安定して捌く近道はないことを知っている彼らにしてみれば、トヨタだろうがそうやすやすとショバに食い込まれたんじゃあ道理が立たんわという話にもなる。

じゃあ、レクサスにあって同業他車にない高級って一体なんなのよ?

その答えのひとつが先ごろ追加グレードとして登場したGS450h。その語尾のhが示すのは、今やトヨタの伝家の宝刀でもあるハイブリッドだ。

プリウスのヒットで一躍時のキーワードとなったそれに、低燃費以外の付加価値を持たせられないか。つまりは搭載するモーターの出力をうんと高めて「お利口に速い」というところをレクサスの付加する高級とする。GS450hはそういう発想で作られたクルマだ。発表されたデータの一部をつまむと、10・15モード燃費14・2㎞／ℓに対して0～100㎞／h加速は5・6秒とある。つまり停止から100㎞／hを出すまでの速さがポルシェ911のATとほぼ変わらない一方で、燃費はノア／ボクシー並みということだ。

そんなムシのいい話があるんかいなと思いつつ実際にGS450hに乗ってみると、確かに……だった。明らかにエンジン以外の分厚い駆動力がクルマを後押ししつつ、スクーターのようにブーンと唸りながら変速ショックもなくポルシェ級の鬼加速をみせる乗り物、というのは今まで経験した例しがない。一方で、都内の渋滞や都市高速を絡めた行程を車内の燃費計で観察してみると、8〜11㎞／ℓのあたりを指している。同様の使い方を同格のメルセデスやBMWでこなすよりも、やはり3割くらいは油を節約出来る計算だ。

個人的にはここまでの速さはいらないから、そのぶんもう少し燃費や乗り心地の方に力を注いでくれないかと思ったが、そこは打倒ドイツ車に燃える開発陣の鼻息もあったのだろう。

つまるところ、微笑むプレミアムというよりもほくそ笑むプレミアムという感じ。お客に跪《ひざまず》くようなしおらしさこそレクサスと思われている裏で、ハイブリッドを軸とした世界征服プロジェクトは着々と進行しているわけである。

047

高速道路をカッコよく運転する方法

春の行楽シーズンを迎えてお出掛け気分も盛り上がる今日この頃。ドライブの機会も増えて、世の奥方もハンドルを握る時間が増えるんじゃあないだろうか。

なあんてネタから振ってみたのは、先日なにかの女性誌の特集記事の中にあったQ＆Aコーナーで「高速道路を上手く走るにはどうすればいいの？」みたいな話があったからだ。

それを床屋で読みながら、僕はふうむと考えてみるものの、そろそろチョコは車内に置いとくと大惨事になるんで気を付けてねというくらいしか、的を射た答えが思い浮かばない。

モータリゼーションの黎明期から語り継がれる高速道路での眠気覚ましの方法として、窓から掌を出してニギニギするとそれは妙齢のオッパイの感触――というのがある。が、未だ飽きることなくそれを使っているのは僕くらいなものだと思うし、だいいち女性誌の読者にそんなこと言っても「自前の揉むわボケ」といなされるのがオチだ。

高速道路を走る上での難儀といえば、きちんと速度を乗せて合流しつつ、車間を一定に保って綺麗にまっすぐ走らせること辺りではないかと思う。

このうち、まっすぐ走ることに関しては慣れの問題が大きい。目前を走るクルマのブレーキランプだけを気にするのではなく、その更に2～3台くらい前のクルマに視点を置いて流れを大きく眺められるように心掛けること。これは場数が解決してくれる話だ。

が、実際に高速道路に入ってみると、そんな悠長なことをやってられないほどドキドキするものだ。

視点以前に自分のクルマの速度調整の要領が難しい。緊張を呼ぶ最大の原因である。

ひとつ、クルマの側で微妙な速度調整を手助けしてくれるものがあるとすれば、それはオーバードライブのカットスイッチだろう。

メーカーや車種によって微細は異なるが、多くのAT車にはシフトノブのところに小さなボタンがついている。丁度親指で押しやすい辺りにあるそれをオフにすることで、クルマはトップギアを使わない設定となる。4速ATのクルマなら3速までしか使わない。それが何を意味するかといえば、エンジンブレーキの効き目が増すということだ。

つまりはアクセルの踏み加減での速度の微調整が幾分は楽になる。周囲の流れに合わせて軽く減速しようとアクセルを抜いたものの、空走感が強くてブレーキペダルを踏んだら今度は速度が落ちすぎた……なんて状況が、このボタンひとつで随分救われると思う。

反面、オーバードライブをカットするとエンジンの回転数が上がるぶんだけ、燃費が若干悪くなるとか車内音が大きくなるとか、そういうデメリットも生じる。このオンオフをうまく使い分けることが出来るほど車速の管理に慣れれば、高速道路での長距離ドライブも一気に楽になるはずだ。

048

マークX、豹変す！

平日の真っ昼間から街の渋滞にハマっていると、昼メシ時に新入社員の集団が歩いているのを見掛けて、春だなぁとしばし感じ入る今日この頃である。

もちろん男はどうでもいい。目が奪われるのはグレーのスーツから覗く白い襟の眩しい娘さんたちだ。この初々しい彼女たちも、そのうち課長の週末を愛猫の写メールで困らせるような食えない恋を覚えてしまうのだろうなぁ……。

平日の昼間からわざわざマニュアルのクルマで渋滞に加担しているだけでも頭が悪いというのに、ふと考えてしまう自分がキャイ～ンの天野くんより情けない。

そんな、スーツOLとは無縁の人生を送ってきた僕にとって、なにかと煽動の対象になるCMがある。今日の部長、頭下げすぎでした——といえば心当たりのある方もいるだろう。トヨタマークXのそれだ。

そのCMが先日、新バージョンに変わっていた。

「将来の夢ですか？　ずっと部長の部下でいるってことでしょうか」

車中でそんなことを部下の娘さんにのたまわれた部長こと佐藤浩市が、一人でハンドルを握りつつ一言。

「ムリいうなよ」

……それはこっちのセリフだと言いたくなるくらいの歯の浮くようなシナリオには、さしもの島耕作も脱臼だろう。そんなムシのええ部下おったら取引先より先に頭下げて一戦お願いしとるわ！　新橋のガード下からお父さんのダミ声が聞こえてきそうだ。それをシラフでこなす佐藤浩市の役者魂にはホッピーの一杯もご馳走したくなる。

が、そのマークX、実は着々と売れているのだ。モデルライフ的にはマイナーチェンジも施されていない端境期にありながら、この3月は7000台を超える販売を記録している。ちなみに05年度の年間販売台数は6万3千台余で国産乗用車中18位。順位だけ聞けば大したこともないと思われるだろうが、セダンじり貧の時代にあってマーチやオデッセイと同じくらい売れたと聞けば、事の大きさがおわかりいただけると思う。

クルマ屋的に言えば、マークXがきちんと売れている理由は大胆に変わることを厭わなかったところが大きいのだと思う。温泉ホテルの上階に突如現れるラウンジのように暑苦しいおもてなし感が身上だったマークⅡ時代の面影はいずこ。ドイツ車もびっくりするほど締め上げられたアシでビシビシと高速道路を突き進む。マークXからは昔の気配はまるで感じられない。

保守の砦ともいえる野球でも政治でも「イチロー」の掌を返したような変貌が人望を束ねる昨今である。果たして2年前にデビューしたマークXはとうの昔にこんな、性格整形の時代を読めていたのだろうか。煩悩直撃CMにいちいち躍っている僕は、思えば20年前もフジテレビのドラマに毒づいていた、体脂肪以外はまるで進歩のない男である。

049

911こそローリング・ストーンズ！

先日、ストーンズのライブをみるために3年ぶりに東京ドームに行った。

猪木のビンタも亀田のパンチもいらないが、キースのギターにならぶん殴られても構わない。そんな僕にとって、それは神のような不良の聖誕祭である。

マタコレテウレシイヨ。今やイギリスの紫綬褒章「ナイト」の称号を持つミック様の日本語は相変わらず何を言ってるのかわからんし、演奏はさすがに衰えを隠せないしと、興味のない人には屁の足しにもならない2時間かもしれない。が、1万7500円也のさい銭を投げて賜るご託宣は、自分と彼らが等しく歳を重ねると共にあらぬ深みを増すものだなあと半泣きで感じ入った次第である。

その後、僕の頭の中では一台のクルマがグルグル駆け巡っている。ポルシェ911。その誕生はストーンズと同じ、1963年だ。

911は誕生から四十幾年、車体の一番後ろにエンジンを置くスタイルを全く変えずにここまでやり続けている。時と共にクルマの性能が上がる中、一線級であり続けるためにそれは絶対的に不利なレイアウトだ。

後ろに一番重いものを積んでいる手前、舵を取る前輪の接地感がどうしても希薄になり、コーナーで車体が滑ったら、振り子の要領でお尻の側から振れがブンブンと増幅していく。持てる力が200km／hを超えないとスポーツカーを名乗れないような時代になれば、それは素人にはお手上げのクルマだ。そのジレンマにポルシェが本格的に陥った時期はちょうど70年代の前半、早弾きこそがロックだと世の中が沸き立っていた時期に不思議と符号する。

その頃、ポルシェは他社と同じように、前置きのエンジンで安定して速いスポーツカーを作る会社にシフトすることも試みた。が、周囲のお客さんがそれを許してくれない。立ち止まったカエルのような尻下がりのそこにエンジンを載せてこそのポルシェ。刷り込まれたイメージは簡単に拭うことは出来なかった。今やジョギングバカのミックが、僕らのような者に不良のレッテルを無期限で貼り続けられているのと同じようなものである。

で、結局ポルシェは911を一蓮托生とばかりに増強しまくった。ターボを突っ込んで得た馬鹿力を、クジラのしっぽと称された巨大なウイングを背負ったり、タイヤメーカーに無理難題を押しつけて作らせた誰よりも太いタイヤを履いたりしてなだめつつも、核心は変えることなく周囲を威圧し続けた。ちょうどストーンズが、ディスコやヒップホップといった新しい要素を自由に採り入れていた70後半~80年代前半の話だ。

そして今、なにも変わらずに世界一を張り続けるストーンズと911。見せられて改めて知る、そのご託宣はいかにも武道的な「継続こそ力」なのだろう。外人にそれを言われると、なおさらに説得力がある。

050

キラキラできるレンタカー！

この原稿を書いているのはゴールデンウイーク以前なものだから、近頃は方々でそのお休みのプランを一方的に聞かされることが多い。やれハワイだイスタンブールだと、辺りはマキシンや庄野真代でも歌い出しそうなはしゃぎぶりだ。

かくいう僕は連休渋滞のど真ん中に、国税局の差し押さえ倉庫から引っぱり出してきたような真っ赤な胡散臭いクルマに乗って箱根に日帰りの撮影に行くことになっている。傍目には祭りに乗じたお調子者だろうが、この時期にもなれば舶来の旧いスポーツカーはオーバーヒートや車両火災も真面目に心配しなければならない。クラシックカーのマニアが車内に小さな消火器を積んでるのは、なにもマヌケな陶酔コスプレではなく、万一のはた迷惑を最小限に留めるためのエチケットだったりするわけだ。

と、脱線したところで、話はその旅行予定者のひとりから、こんな話題を投げかけられたことに始まる。

「北海道行くんですけど、なんか気の利いたレンタカーないですかねぇ?」

鈍行列車でぶらり途中下車はそりゃあ憧れるけど、せっかく掴んだ休みを使って遠くに足を伸ばすのだから、どうせなら限られた時間をなるべく有効に使いたい。そう思うなら沖縄や北海道はもちろんのこと、今やちょっとした地方なら空港やターミナル駅をハブにレンタカーを使った方が効率のいい旅が愉しめる。

でも、ここで問題になるのがレンタカーの車種だ。1泊くらいは小洒落たホテルや旅館で上等な景色と湯とメシと寝床を堪能しようと張り込んでも、そこに向かうクルマが毎日仕事で乗っているようなもんというのなら、せっかく冷めてないテルミドールや朴葉焼きを出されてもいまいち盛り上がれない。普段ベンツのバンに乗っている人生のぼせ気味の彼にしてみると、こちとら娘さん連れで洞爺ウィンザー爆弾をお見舞いしようというのだから、空港で借りるクルマがヴィッツやカローラはなしねという話なわけである。

こういう時に、アゲアゲ気分を出来るだけ損ねることなく、しかもお財布に優しいレンタカーといえば一も二もなくプリウスだ。カローラと同じ値段で借りられて、2倍近くは燃費がいい。普段は高級外車で夜の街を食い散らかしていても、その時ばかりは新緑をレフ板に、告示後の立候補者のようにキラキラと清潔な俺を演じることも出来る。

そう、娘さんの勝負旅の必携ツールが美白UVファンデなら、男の勝負旅の必携ツールは24時間9450円（税込）のプリウスと。但しこの後で注意して欲しいのは、7～8月の北海道は大半のレンタカーが夏季料金となって3割近く値段が上がってしまうことと、台数の少ないプリウスの予約自体がフローしかねないということだ。こんなご時世、善と同様に悪巧みも急いだ方がいいこともある。

051

女性ドライバーはヒール禁止！

「パリス・ヒルトンがＳＬＲ買うたの、知っとる？」

出張前の〆切に苦しんでいた僕に、そういう掴みのいいネタを投げてくれる友人は本当に有り難い存在だ。ホクホクしながらネットを早速繋いで「ヒルトン　ＳＬＲ」で検索してみた。

僕にとっては滑稽なネーちゃんやなぁ程度の知識しかないパリス・ヒルトンという人は、ホテル王ご令嬢というご立派な肩書きを持ち、世間的にはセレブ様を生業としているお嬢さんだ。振りまくネタは枚挙にいとまがなく、検索サイトで引っ掛かる幾多のゴシップはここで書くのもはばかれるほど下世話で面白い。庶民にとってのパリス姉さんはロンブーにとっての梨花やバブル青田のようなイジってナンボの存在になっていることがよくわかる。

一撃でヒットしたサイトを覗くと、わざわざ写真付きで彼女と愛車が紹介されていた。間違いなくそれはＳＬＲだ。ガンメタのボディにサドルタンの内装という、このクルマとしては異例にセンスのいい仕立てに対して、横にいるのは半ケツジャージにサンダル履きのパリス姉さん、彼女にかかればＳＬＲも蒲田のエルグランド状態である。

ちなみにＳＬＲの正式名称はメルセデス・ベンツＳＬＲマクラーレン。名門コンストラクターであるイギリス・マクラーレン社とメルセデスとのＦ１での協同関係を背景に生まれた弩級のスーパースポーツだ。フルカーボンのボディを６２６馬力のＶ８エンジンで引っ張っての最高速は３３４km／h。それを確実に停めるため、急制動時にはリアスポイラーが一気に立ち上がり、エアブレーキの役割を補助的に果たすという。

横ではF1もこしらえているマクラーレンの工場で一日2台ずつ手作りされるそのクルマのお値段は日本にて税込5985万円。平たく言えばマンガが走ってるようなもん——というわけだが、マンガのように人生を駆け抜けるパリス姉さんもそこが刺さってしまったのだろうか。

そんなことより、僕がその写真で気になったのはSLRの後輪がかなり減っていたことだ。確かにSLRはメルセデスらしく、このテの特殊車両の中ではずば抜けて電子制御による安全装備が充実しているクルマではある。が、繊細な操作が出来ないヒールを履いたパリス姉さんが馬鹿力を放つペダルを日々踏んづけていれば、タイヤも余計に摩耗するというものだ。

クルマ屋的に言えば、減ったタイヤとヒールで走る梅雨空というのは恐怖の三連コンボである。これからの時期、女性ドライバーの皆さんは愛車とご自身の足下にお気をつけいただきたい。そしても し近しい方がいれば、タイヤの件で至急の話があるとパリス姉さんに伝えてはもらえないだろうか。こんな愉快な彼女が怪我でもしたらと思うと、こちとら心配でお昼の半チャーハンも喉を通らない。

052

オペルが「名誉ある撤退」をするワケ

「オペルが日本市場から撤退」という話を聞いたのは海外の出張先だった。

僕が知る限り、昨今オペルほどクソ真面目にクルマを作っているメーカーは他に見当らない。やれプレミアムだスポーティだと浮き足だったキーワードに世界の自動車メーカーが引っ掻き回されている昨今に、毎日使ってジワジワ旨みが染み出るような商品を彼らは淡々と作り続けている。

確かに旧きドイツ車丸出しの硬い乗り心地は、交通の流れが緩い日本の街乗りにはあまり適さない。一方で、いざ高速に乗り入れれば朝青龍に抱かれてる級の絶大な安心感をもってドライバーの緊張を解きほぐしてくれる。シートの作りの良さなどは、今や並のVWやメルセデスをも超えているかもしれない。

イギリスなんかではそういう、愚直な道具としてのクルマを「ブレッド&バター」と称することがある。毎日口にする変わり映えのしないメシだからこそ、安くていいものを食し続けられることに幸せがある。そういう想いをクルマになぞらえての、これはぬかみそ女房的な褒め言葉だ。

そんなオペルが日本でもジャンジャン売れた時期がある。黄色い看板でお馴染みのヤナセが取り扱いを始めたのが93年。その後の数年間は、当時の輸入車の常識を塗り替える低価格戦略もあってうなぎ登りでシェアを伸ばし、一時はVWの牙城をも脅かす勢いがあった。00年には木村拓哉と常盤貴子の出演したドラマ「ビューティフルライフ」の中で使われた赤いオペルが大人気となり、全国のヤナセからそれが消えたというエピソードもある。

が、実はその頃から日本市場におけるオペルの凋落は始まっていた。異国でご当地のうまい朝飯を売るのはうまい夕飯を売るよりもよほど難しい仕事だ。メーカー側もここ数年はその落とし穴にハマりつつ、オペルを必死に夕飯的なクルマとして売り込んできた。でも10年前と違ってベンツやビーエムが平然と走っているご時世に、ユーザーはオペルをどうしてもご馳走としてみることは出来なかったわけだ。

欧州市場では堅調なオペルが今回の撤退を決めた背景には、スバルやスズキも手放すほど台所事情が厳しいGMグループ内でのブランド戦略の世界的な再構築がある。キャデラックやサーブといった利益率の高いディナー銘柄を外国市場向けに据え、欧州での利益の8割を稼ぎ出すオペルは彼の地の食パン銘柄に専念してもらおうという算段だ。

帰国早々はまず定食屋に駆け込んで、白飯と味噌汁をかっ込んで一息つく。日本仕様の僕でもオペルのドイツ的な朴訥さには感心させられることが多かった。が、残念……という感想など屁の足しにもならないほど、自動車という商売はその規模に対して余りに脆く、舵取りの難しいものだということである。

053

クルマ買わずにパケットかよ！

かれこれ2年近く使っているケータイの、電池の消耗が激しくなったものだから近所のお店を覗いてみた。なんか安いのない？　と。

かつてはハトの餌のごとく1円ケータイがバラ撒かれていたおかげで、こちとら大金を出して本体を手に入れようという気がまったくおこらない。が、そんな図々しい客は多分ゴマンといるのだろう。土間ぼうきのような茶髪をなびかせた店員の娘さんは、2〜3の型遅れ機種を出してきて、どれも8000円くらいはするんですよね〜とカッたるそうに仰せられた。

「で、料金プランのご変更はお考えですか？」

料金プランって、あのCMとかのヤツ？　と訊ねると、そんなことも知らねえのかおめーとばかりにパンフを取り出してきた。

「今ならこの、パケホーダイとか人気ありますよ」

パケホーダイ、パケホーダイ……。徹夜明けの頭をフル稼働させて答えが出るまでに5秒くらいは掛かっただろうか。はいはい、パケットねパケットと。

その単語を聞けば思い出すことがある。とあるデザイナーのところに打ち合わせに行った時の話だ。氏のアシスタントに歳を聞けば24歳くらいだというものだから、こちらはごく普通に訊ねたわけだ。なんか欲しいクルマないの？　と。

「クルマっスか？　いやあ無理っス金ないっス。今月も20万パケ使っちゃったし」

それを聞いて思い出すのが覚醒剤というのもVシネマの見過ぎなわけだが、僕はそれがケータイのデータ通信代ということにしばらく気づかなかった。そしてその時、若者の通貨単位が「パケ」と化していることを初めて知ったわけだ。

新車の試乗会などに行くと、自動車メーカーの商品企画部のオジさんたちはそんな僕に真顔で訊ねてくる。若い子にクルマ買わせるにはどうすればいいんですかねぇ――と。

特に現在の都市部の20代のクルマ離れは深刻だ。必要だから買うし乗るけど、その先には何の拘りもない。全部とはいわないが多くはそういう状態にある。ここが一番の問題で、メーカーはこれから何台もクルマを買ってくれるだろう新鮮な上客を、自分の陣地に呼び込み囲い込めないわけだ。つまり、今後は顧客数の読めない商売を強いられることにもなりかねない。作り置きがコケたら大損失となる自動車の商売にとって、それは由々しき問題だ。

お父さんたちは家族と会社の未来を背負い、必死で若者にクルマを売ろうと頑張っている。トヨタなどは伝統あるセリカの名をかなぐり捨て、自らの商品をミュージックプレーヤーと言い張ったくらいだ。しかしその、八方手を尽くして戦う目に見えない敵はたかが「パケ」である。そう考えるとやるせなくなって、どちらかといえばタベホーダイやヌキホーダイの方が嬉しい僕は、機種変もせずにケータイ屋を後にした。

054

インテグラよ、おまえもか！

ホンダが先日、インテグラの生産を終了すると発表した。国内分は6月下旬、輸出分も7月いっぱいには製造を完了。既に駆け込みオーダーが詰まっていて、新車で手に入れることは難しくなっているという。

80年代の半ばに登場したインテグラは、シビックを買うつもりならちょこっとお金を足して手に入れることの出来るスポーティなクルマだった。当時は高性能の証だったDOHCエンジンを全車に採用したという点も血闘値の高いホンダらしいエピソードだ。その上で実用性もそこそこ確保されていたものだから、インテグラはクルマに一家言持つ若者やお父さんのマイカーとして受けまくり、一時はホンダの屋台骨を支える銘柄にまで成長した。

そんな時代から20年も経っていないのに、今やインテグラは販売的に這々《ほうほう》の体である。今までこのテのコンパクトな3ドアクーペは、日本で多少台数が凹もうが「セクレタリーカー」と呼ばれるほど女性支持が強いアメリカでそこそこ売れてれば御の字だったわけだ。が、路上強盗等が増えるに従い、彼の地の票田は女バレしづらいＳＵＶなどに移ってしまったらしい。同様の理由で販売がドン詰まっていたトヨタのセリカも、4月には生産終了を発表している。つまりインテグラもセリカも、アメリカの世相が命脈を絶ったという見方が出来なくもない。

一方、同じような値段でミニバンが買える日本の世相的には、こんな背の低いクルマの、扉もない後席に子供を押し込んだならば軟禁虐待にもみられかねない。結局インテグラは一部の身軽な走り好きが選ぶ特殊銘柄として、余生を送らざるを得なくなったわけだ。

そんなインテグラの晩年を支えたのは「タイプR」というグレードだった。ホンダ車の中でもことさらの武闘派のみに与えられる家紋、赤地のHマークを車体の前後にたたえたそれは、レース仕様同然ともいえるカリカリの高性能エンジンを搭載しながら普通のクルマと遜色ない使い勝手や信頼性を両立させつつ、おまけに庶民的な値札も携えるという、F1屋の中でもホンダにしかなし得ない仕事が施された日本の至宝だ。95年に初登場したインテグラのタイプRに乗った時の衝撃は、まるでアシモの阿波踊りでも見せられているかのようだった。

4代・21年にわたったインテグラの終焉は、同時に日本でのタイプR展開の休止を意味することにもなる。クルマ好きにしてみればそりゃあ淋しい。が、そんな最中にF1をみると、いつになく大きな赤地の家紋がホンダレーシングの鼻先には据わっている。今から四年後を目指すというキング・カズの名言を借りるなら「魂はF1に預けてきた」というヤツだ。ええ話やないか……とこっちが油断しているうちに、ホンダには早いとこ次のタマを込めてもらいたいと願う。

055

なんでレガシィはすごいの？

たとえば漠然と渋滞にハマっていたり、淡々と高速道路を流したりする、要は割とヒマ目な時にだ。そういう不意の空白に、人はわんこそばのように受け流していた当たり前の日常を真剣に振り返る性癖があるのだと思う。たとえば「うんちはなぜ茶色いの」とか「おばちゃんはなんでアメが好きなの」とか。

先日、出先から300km離れた新型レガシィの報道向け試乗会の会場にボーッと向かっている最中、僕はそんなことばかり考えてクルマを運転していた。横に無着成恭せんせいでも乗ってくれれば膝を打つドライブになったのだろうが、一人じゃあ遅刻気味のテツandトモである。

到着した会場にズラリと並んだレガシィは「新型」と謳っているものの、業界的にはマイナーチェンジと呼ばれるタイミングのクルマだ。とはいえ生真面目なスバルらしく、ボディやサスペンションの骨格から、シートのクッションやバックミラーの形状まで事細かに改善の手が入れられている。が、最大のウリとなっているのは上位グレードに設定された「SIドライブ」というシステムだ。

これを説明するには、日々転がしちゃあガソリンを入れ……を繰り返しているクルマが「どうしてうごくの」という疑問から説明しなければならない。

一般的なクルマは、燃料を空気と混ぜてエンジンの中で爆発させ、その力を回転に変えてタイヤを回している。燃料をいっぱい燃やすとタイヤを回す力は強くなるが、薄くなるお財布に反比例して環境に悪いガスはいっぱい出る。

アクセルを踏んだ量に対して空気と燃料を燃やす量を最適に調整する、それはクルマの中に必ず備えられるコンピューターの仕事だ。今やクルマのエンジンはインプットされたプログラムに従って、発電所のように計画的に回っていると言っても過言ではない。

SIドライブはその燃焼管理のプログラムを3種類突っ込んで、燃費・並・走り的に振り分けた各モードをドライバーに任意選択させるシステムだ。スバルのテストでは、燃費重視モードを選べば従来型比で10%前後の節制が期待出来るという。そのぶん動力性能は抑えられるが、然るべき時は走りモードを選ぶだけで従来からのバカッ速の走りが蘇るといった算段だ。

スバルはこういう悪くない話を独りよがりにみせがちな技術偏向のところがあって、今回も「変身するレガシィ?」なんて難解なPRをやっている。これじゃあ肝心の好燃費がユーザーに伝わらない。ちなみにレガシィ自体は著しい進化を遂げていた。廉価グレード「2・0i」の出来などは輸入車買ってる場合じゃないわと思えるほど劇的だ。結局、スバルに必要なのは「こどもはどうして生まれるの」と聞かれても微動だにしない無着せんせいの器用な咀嚼力なのだと思う。

056

ドライブレコーダー、知ってる？

半ばワイドショーと化している夕方のニュースをダラダラと視ていると「衝撃映像！」などと題した企画で、Ｆ１のオンボードカメラのような視点で映された交通事故の瞬間をバンバン流していることがある。

その映像の多くはドライブレコーダーと呼ばれる機器が記録したものだ。ルームミラー部に取り付けられたそれは常時走行状態をカメラで捉えており、衝突や急ブレーキなどで発生する衝撃を内蔵のセンサーで感知すると、その瞬間から前後20秒程度の映像をフラッシュメモリに記録する。

そもそもドライブレコーダーは、自動車事故の調査や解析を行っている日本交通事故鑑識研究所と練馬タクシーという両社が共同で開発したものだ。原因を明確にすることで示談や裁判の際に解決の一助になる。きっかけは交通事故遺族の要望だったらしい。そして自社のタクシーにそれを取り付け実走テストを繰り返すなどして尽力した練馬タクシーの社長さんは、機器が普及し始めた昨年、交通事故で亡くなったそうだ。あんまりな話だと思う。

ともあれドライブレコーダーは確実に普及してきているようで、近頃は都内でもそれらしきものが装着されているタクシーが増えてきた。そのガタイゆえ、事故の衝撃を感知しづらいトラックやバスなどへの装着は課題が残るが、乗用車用は既に幾社かが、個人で取り付けられる商品も5万円前後で発売している。大手メーカーの参入も活発な上、裁判での証拠採用の事例も出始めているので、自己防衛の意味も含めて一般の普及がじわじわと進んでいくことも考えられそうだ。

ドライブレコーダーを装着したタクシー会社は、それ以前に比べて10～30％ほど事故が減ったという数字がある。まだ分母が少ない上、そうポンポンと事故が起こっちゃってても困るがゆえ数字は安定していないが、国交省もその程度の効果は確認しているようだ。もめ事の解決に使うエネルギーが低減出来るだけでなく、ドライバーに無茶な運転をさせない見張り役としての効果も高い。壊れた車両の修復代金も、ひいては燃料代も節約出来るかもしれない。タクシー会社がドライブレコーダーの採用を推し進める最大の理由だ。

確かに乗る方としても、ルームミラーにそれがついているだけでちょっと安心して後席に身を任せられるという効果もある。いいことずくめじゃんと思いつつ、ある日僕はドライブレコーダーの付いたタクシーの運転手さんに訊ねてみた。ずっと見張られてるみたいで疲れない？　と。

「ほら、カミさんの前ではパンツ一丁で屁もこくでしょ。あれみたいなもんで。もう空気ですよ空気」

事故低減の切り札とて、慣れてしまえば屁の如し。ちなみに運転手さんは、やけに通好みのライン取りで首都高の芝公園のコーナーを駆け抜けていった。

057

ディーゼルは優秀です、ボス！

軽油を燃料とするディーゼルエンジンのクルマといえばここ日本では、山坂道で黒い煙を吐き散らす自動車の負の側面の代名詞として扱われている。

ところが、より環境保護にシビアなはずのヨーロッパでは、今や普通の人が普通に買う乗用車の6〜7割がディーゼルだ。ディーゼルのクルマはその構造上コストが嵩むため、ガソリンエンジンのクルマよりも車両価格が高い。おまけに軽油の価格は税制優遇のある日本と違ってガソリンとほぼ変わらないときている。

なのになぜ、ヨーロッパはディーゼルなのか。

最大の理由は買ってからが安いから。すなわち燃費がべらぼうにいいからだ。都市間移動を130km／h以上レベルの高速でこなせるヨーロッパでは、ディーゼルエンジンのガソリンエンジン比での熱効率の高さ、すなわち高速燃費の差は月単位でみたとしてもお財布には大きく響く。

先日、出張のついでにアウディの最新型ディーゼルでアウトバーンを800km走る機会があり、改めてその小食ぶりを思い知らされた。速度無制限区間ではベタ踏みの巡航を重ねたところで、燃費計は無給油でも充分走りきれるほどの数値を示している。同性能のガソリンエンジンなら確実に2〜3割は燃費が悪く、最低一回の給油は免れない。あちらの人が言う「ディーゼルはアシが長い」というのはまさにこのことだ。

そもそもヨーロッパが90年代にいち早くディーゼル主導に傾いた背景には、地球温暖化の問題が関係している。オランダを筆頭に低海抜地域を持つ彼らにとって、温暖化による海面の上昇は国土の水没を意味することにもなりかねない。中でも影響の大きい二酸化炭素を減らすにはディーゼルの普及がもっとも手っ取り早い。そういうソロバンが彼の地の自動車メーカーで弾かれたわけだ。

でもさ、高速で燃費よくったって臭い煙バクバク吐いたら意味ないじゃん。

そういう問題にも最新のディーゼルは確たる回答を出しつつある。軽油を限りなくクリーンに燃やす燃料の噴射制御や、有害粒子を分解・除去するフィルターの技術はここ数年で大きく進歩し、今や最新のディーゼルエンジンの有害排出物はガソリンエンジンと遜色がない。ドイツの自動車メーカーのエンジニアと話をすれば「トーキョーのボスはこれでも文句を言うのかね」と笑われるほどだ。

日本が主導権を握るガソリンハイブリッドには、ディーゼルが持ち得ない長所がたくさんある。但し、ディーゼルがトンチンカンな過去の遺物かといえば、そんなことはまったくないのもまた確かだ。判で捺したような価値観に縛られているうちに、ル・マン24時間で総合優勝をかっさらうほどディーゼルが進化していることを、どなたかトーキョーのボスの小耳に挟んでいただければと思う。

軽自動車の法則

058

先日、スバルの「ステラ」という新型軽自動車の試乗会に行った。

スバルは既に3年前、R2という意欲的な軽を発売している。タマゴ型の挑戦的なデザインはハコ型だらけの軽自動車にあって俄然新鮮で、ターゲットとした若い女性だけでなく、これならいい歳した男も苦にせず乗れるんじゃあないかと思わせる存在感があった。

しかしR2はまさにそのデザインがアダとなり、昨年は原油高の追い風を受けて過去最高の販売台数を記録した軽市場の中で不振を極めることになったわけだ。

その轍を踏まえてつくられたステラは、ワゴンRやムーヴといったところと並んでもまったく見劣りのない見事なハコ型の体をなしている。ギラッと光る大ぶりなヘッドライトにパチンコ台のように派手な縦長のテールランプもこのテのクルマのお約束的な意匠だ。

ベビーカーを立てたまま積めるので、荷室が有効に使えます。チャイルドシートを装着した後席は前方に寄せることも可能で、お子様とのスキンシップにも事欠きません云々——。

軽自動車ユーザーの核となる20~30代のお母さんが日常使うクルマに対する希望を徹底的にリサーチしたという、ステラの乳臭い効能書きを読んでいると、夜な夜なポルシェに噛みつく迎撃ミサイルのようなインプレッサをガシガシ作っているスバルのような会社とて、きっちりママのご機嫌を伺っとかないとメシのタネにも事欠いてしまうことを思い知らされる。

「そうなんですよ。ウチも商売的にこれは絶対に外せないクルマなんです。新色の紫も設定しましたし」

へ？　紫？

話を聞いていたステラの開発担当者が続ける。

「軽の世界って、紫が絶対外せないんですよ、今」

ステラには標準グレードの他に、大型のメッキグリルやシルバー調のテールランプなどの光モノをまぶして押し出しを強めた「カスタム」というグレードが用意されている。このテは価格も過飾ぶん若干高い設定だが、販売的には無視出来ない数が捌けるという。

それに税別2万円のエクストラで塗られるダークバイオレットパールという色は、言ってしまえば光り輝く濃い紫である。こんなきっつい色が売れ筋とは……と、他車のHPをみると、確かにワゴンRにもムーヴにもライフにも、それぞれ立派なド紫が用意されていた。

「いかにも女性的な色の軽だと、道路の合流で入れてもらえなかったり煽られたりとかって、やっぱり皆さん経験されてるんですよ」

要するに、光りモノ&紫で多少ガラの悪そうな方が運転のストレスを減らせると。そういう消費者心理がこの市場には働いているのだろう。トッポいカッコで洒落ぶっこいていても埒があかない。ちょいモテやら艶女やらを鼻で笑うすてきな奥さんたちの、日々の本音が軽には詰まっている。

059

レクサスと英語コンプレックス

「インパネのところに日本語が書いてあるから、だから買わなかったって言うんだよね……」

とある人から聞いた話なのだが、先日、氏の友人がレクサスのＩＳを見にショールームに赴いたそうだ。

事前に本なりネットなりで情報を仕入れ、既に買う気をパンパンに膨らませていた彼は、ショールームでのおもてなし爆弾に臆することもなく、ドッカと車内に乗り込んだ。

ところが、センターコンソールに目をやると「現在地」とか「目的地設定」とか書いたボタンがゴッチャリと並んでいる。カーナビの複雑な操作用に設けられたそのスイッチは、当然視認性の高い一等地に控えているから視線のそらしようもない。それを目の当たりにして彼は、一気にやる気が萎えてしまったという。

ボタンが日本語だからイケてない。そんな話に笑えないのは、自分にも思い当たるフシがあるからだ。

小学生の頃、友人が買ったラジカセが盗みたくなるほど欲しいと思ったことがある。ソニーの「ＸＹＺ」という名前のそれは、ボリュームが左右独立式だったり、録音レベルを手動調整するためにＶＵメーターを備えていたりという、いちいち本格的なことがウリの高級品だった。

でも、子供心になにがそこまで刺さったのかといえば、操作表示の全てが英語で記されていたことだ。当時うちにあった粗末なラジカセに書かれていた録音や巻戻しというベタな日本語が「ＲＥＣ」

や「ＲＷＤ」に置き換わっている。これを夜な夜なイジってんのかこいつときたら……。その時の衝撃は、夏休み明けに童貞を捨ててきた自慢話を聞かされているような焦燥感にも似ていたと思う。

アメリカでの大成功を受けて凱旋した帰国子女。そんなポジションにあるレクサスのクルマとて、日本で販売されるそれのボタン類のレイアウトや表示は、クラウン辺りと大差がない。

それは初めての人でもすんなり扱えるように、或いはトヨタのクルマから乗り換えても違和感がないようにという、いかにも彼ら的な思いやりである。しかし英語に対して必要以上の憧れやコンプレックスを抱きつつ青春を過ごした、僕ら以前の世代にとっては「目的地」と「Your Destination」の間には財布を開くか否かほどの劇的な差があるわけだ。

ブッシュのカミさんすらドン引きしていた小泉の卒業旅行をみて、専用機飛ばして恥の輸出かよと呆れかえった人は多いと思う。就職のために普通にＴＯＥＩＣ６００点以上を目指す今の大学生辺りには目を覆う惨状だったかもしれない。

でも我々世代には心のどこかにああいう、糸の切れたオジさんのことを「わからんでもないが……」とおもんばかる気持ちもなくはない。たかが英語されど英語。若き日のスリコミとは怖いものだと思う。

060

ＥＴＣ事故、多すぎるわ！

先日、ＥＴＣのゲートで直前のクルマが立ち往生するという事態に遭遇した。取材の移動中、同じ機器を積んだ同じメーカーの2台で連なって専用レーンを通過しようとしたところ、前を走っていた連れの機器が交信を認識せず、バーが上がらなかったわけだ。

2台のマイカーには未だ機器未装着で、ＥＴＣ慣れしていない後方の僕は、どうにも疑心暗鬼で車間を開けていたのでオカマを掘ることもなく停止することが出来た。が、ホッとしたのもつかの間、バックミラーをみると観光バスがみるみるこちらに近づいてくる。

ひぃゃーっと慌ててこちらがハザードを出すのと同じようなタイミングで、プシュシュープシュッと象に脅されているような大きなブレーキの音が背後に響き渡った。恐る恐るバックミラーをみると、そこには一面に大映しされたＨＩＮＯの文字。そして程なく、そのバスの後ろで、罵りの思いがたっぷり籠もったクラクションが鳴り始める。

こんな時代になってからというもの、僕の人生はたかが電波に振り回されっぱなしだ。思えば用件の途中でブチ切れるケータイの料金も渋々余計に払い続けている。電気屋に行けばお宅のテレビはあと5年で視られなくなるぞと迫られる。たまにＥＴＣとやらを使ってみれば後ろのクルマにご迷惑をお掛けするザマだ。

と思っていたほんの数日後、産経新聞に興味深い記事が載った。

「ＥＴＣ事故多発　阪神高速　昨年度1万2０００件」

い、1万2000件⁉

よくよく記事を読むと、国交省のまとめでは、昨期全国のETC料金所で発生した事故は2730件だという。しかしこの数は人身や物損などの重大なもので、ETCのバーに接触したり折損したりという軽微な事故を含めれば、阪神高速だけでも昨期で約1万2000件にのぼるというのだ。

ちなみに阪神高速の月間通行台数を調べてみると約90万台。それをザクッと年間に直せば1000万台。うちETCの使用率を6割として、600万台中で1万2000件の事故といえば、遭遇確率は500分の1⁉　と、算数嫌いの僕に雑なソロバンをパパッと弾かせてしまうほど、この数字のインパクトは大きい。

もちろんそんな高確率ではないにせよ、その記事に書かれていたようにETCが「事故の温床」と化している感は否めない。温床と書かれた関係各位も面目丸潰れだろうが、こちとら機器買わされた上にケガしたんじゃあ、たまったもんじゃあないわけである。

現状で、料金所での事故率を軽減するせめてもの策は、未装着車が混在し、停止が前提となる「ETC／一般」のレーンを敢えて使うことだろう。20㎞／h以下で通過すれば万一の時もみんな停まれるだろうなんて、乙女の初恋みたいなあちらさんの話は現実の環境では通用しないわけだし。

061

コルベットZ06 豪腕だけど小食

世間一般でいうアメリカ車のイメージは、図体の割には中身が旧くて走りがドン臭く、ガソリンばかり食うどうしようもないボロ……みたいなところになるんじゃあないかと思う。

実際、フォードやGMの経営難を知らせるニュースでは、証券会社のアナリストみたいな人が現れては、判で捺したように「トラックやSUVなど大型車の収益に頼りすぎて環境対策を始めとする先進技術では立ち遅れており……」なんて話が繰り返される。

こと戦争ともなれば凄まじい技術を見せつけるくせに、なんで燃費のいいクルマひとつつくれないわけ？

そんな疑問にクルマ好きの側からひとつ答えられることがあるなら、アメ車の燃費は今でも日欧のクルマに大きく劣るわけではない。ことと次第によるとそれらよりも小食だったりすることもあるということだ。

先日、コルベットのZ06というクルマに乗った。と、淡々と書いてみたものの心中は穏やかではない。それは僕が今、喉から手が出るほど欲しい、惚れまくっているクルマである。

史上もっとも高性能なコルベット＝世界制圧級の性能というGMのメンツが生んだそのクルマは、かれこれ50年近く前の基本設計となるOHVのV8エンジンを7ℓまで拡大、レッドゾーンを7000回転まで引き上げて511psを発揮する。対してカーボンやマグネシウム、アルミといった素材をどっさり投入した車体の重量は1440kg。フェアレディZよりも軽いところに倍の排気量のエンジンが載るのだから物騒にも程がある。

その速さはもうなにがなんだかわからない状態に達している。最高速319km／h、ゼロヨン11秒台の馬鹿力は合法的には解き放ちようがない。片鱗を窺おうと全開でギアを繋げようにも1速で100km／hに達してしまう。体感出来る中間加速は時にフェラーリのエンツォよりも強烈で、血の気がドンと後ろに偏るのがわかるほどだ。これを手に入れるということは、車庫に富士急ハイランドがあるようなものかもしれない。

が、問題はそれだけの豪腕でありながら驚くほどメシ代が掛からないことだ。高速道路を100km／hで流し続ければ10km／ℓ前後の燃費をマークする、その小食ぶりは山坂道で多少アクセルを踏んだところで激しく乱れることもない。

ドイツやイタリアの世界最速級ではこうはいかないという低燃費は、莫大な排気量を武器にエンジンの使用回転域を低く抑えることによってもたらされている。100km／h巡航では一般的なクルマの半分の1300回転しかエンジンが回らない、それでも充分な力が得られるというのはコルベットに限らない、アメ車ならではの減食法だ。排気量で自動車税が区別される日本ではあり得ない非常識にみえて、それは実にシンプルなロジックでもある。

062

ビーエムもビーチクも無制限の国

「アウトバーン」と聞けば思い浮かぶのは、アクセルドン踏みの全開走行が許されるドイツの高速道路――という辺りになるかと思う。

確かにドイツでは高性能車でアウトバーンを突っ走り、移動にまつわる時間を縮めることが世間的にアリとされている。東京から大阪くらいまでの距離を動くなら飛行機よりもクルマの方が手っ取り早い。それがまかり通っている国だからして、出世したホワイトカラーの人は会社から、仕事の効率を上げろという意味も込めてベンツやビーエムを与えられたりもする。

しかしそのアウトバーンも、今や規制だらけの道路になってしまった。東西統合もあって走るクルマの絶対量が増えたため、場所と時間帯によっては慢性的な渋滞が発生。また、老朽化も激しいため、各所では車線を絞って工事が行われていたりもする。80～130km／h辺りまで速度が絞られる、その速度制限区間は総延長の8割に届こうかという勢いなのだという。

先日、久し振りにドイツの大都市周辺でアウトバーンを走る機会があった。交通量の多い中、それでも快調に180km／h前後で走るクルマの群れの中にいると、それこそ規制は次から次に現れて8割の数字を実感させられる。しかし感心するのは周囲のクルマのマナーの良さだ。今し方まで追越車線をタマでも取りにいくような勢いで爆走していたアウディやビーエムは、制限速度の標識を前にみるみる速度を落としていく。

アウトバーンに限らず、ドイツのドライバーは路上でのお約束をとにかくきちんと守っている。通学路や住宅街では30km／hまで速度が縛られるが、いくら人気がなかろうと、それを破って飛ばそうものなら即通報されたりもするらしい。

それほど厳格に制限速度を守ろうという民意が行き渡っている理由はそこを過ぎればわかる。ドイツの道路にはわざわざ制限区間の終了を知らせる黒い車線の標識が設けられており、つまりそこまでお約束を守れば再び各々のペースが許されるというわけだ。

辛抱のおしまいがきちんと明記されていれば、せめてその間くらいは大人しくしていようという気持ちが働く。やり放題のイメージが強いアウトバーンの安全の秩序は、逆手にとられた人間心理によっても支えられているのかもしれない。

その晩、ホテルの部屋でテレビのチャンネルを回していると「ＰＡＹ」を押さずともあちらさんからいきなり牛のようなオッパイが飛び込んできた。40近くあるチャンネルのうち、数局はそんな調子で激しくピンク色に染まっている。

それは恐らく、子供にテレビを与えずチャンネル権を完全に掌握していることを前提に繰り広げられている夜のお愉しみ。大人の自制が確約されてこその、速度も乳首も無制限なのだろう。言うは易しだが、やっぱりレベルが高い話だ。

063

新型ストリームでＨＯＮＤＡ独走中

新車が売れないと慌てふためく国内自動車市場にあって、3列シートの7～8人乗りミニバンは相変わらず鉄板の売れ筋だ。今年1～6月までの販売実績を覗いても、トヨタのエスティマ・ウィッシュに日産のセレナ、ホンダのスッテプワゴンとベスト10に4車種もそのテが名を連ねている。

そのウィッシュといえば、きっても切り離せない関係にあるのがホンダのストリームだ。俗に言う5ナンバーサイズ内のハコの中に7人が座れる空間を効率的に置く。旧くは三菱シャリオや日産プレーリーなどが手掛けたそのコンセプトを現代的に洗練させたこのクルマは、00年のデビュー以来、爆発的なヒットとなった。

それから2年余後の03年に、トヨタはストリームとガチでぶつかる7人乗りのウィッシュを発表。価格帯もさることながら、デビュー当初のボディサイズがストリームと寸分違わぬところに収まっていたものだから、当時の自動車マスコミはこの両車を挙げて「トヨタとホンダの仁義なき争い」とまくし立てた。

結局は販売力の差もあって、それまでの人気をごっそりウィッシュにもっていかれたかたちになったホンダゆえ、トヨタに対する闘争心は満々である。7月に登場した新型ストリームはCMでもお馴染みの「低床・低重心プラットフォーム」を用いて、プロポーションをがらりと変えてきた。

車高と重心の関係は想像以上にシビアなもので、20㎜も違えばクルマの運動性には感じ取れるほどの差が生じる。短い全長の中に出来るだけ沢山の人と荷物を乗せることを目的とするミニバンにとって車高も抑えろという話は、10坪の狭小住宅で3階建てを諦めろと言われているようなものだ。

スポーツモデル枯渇の現状を指して、ホンダの魂はどこにいったとはよく言われる話だが、燃料タンクの位置を大胆に変更するなどしてミニバンの床高を下げることに関しては彼らの技は独走の域に達している。現行オデッセイで披露されたその技術は新型ストリームにも用いられており、従来型同等の室内高とそれを上回る各席の居住性を実現しながら、都市部のタワーパーキングにも対応する45㎜の車高ダウンを実現した。

「これなら真似出来ないでしょう」というホンダのお偉いさんの含み笑いは走りにも現れていて、新型ストリームは家族を満載したまま山坂道を狂ったように走り込めるようなポテンシャルをもっている。いっそこれでタイプR作れば？　と言いたくなる基礎体力の高さと、身長180㎝級が最後列シートでもなんとか凌げる居住まいの両立ぶりは、話を世界に広げても誇れるこのクルマの長所だろう。好みがわかれるのは車庫にドーベルマンを放ったかのようなその凶悪な面構えだが、窃盗団はびこる物騒な現状を考えれば、それもささやかなセコム代わりに働いてくれるかもしれない。

064

レクサス「LS」になりました

借家風情の自動車ライターなる胡散臭い男が不動産屋で苦労することといえば身分の証明、そして環境のいい駐車場の確保だったりする。大小高低問わず借り物のクルマを置くことになる手前、進入路の段差とか枠の位置とか周囲の治安とか、色々な条件が満たされなければならない。

「セルシオが入るくらいの駐車場なんですけどね」

クルマは何を置くの？

と担当者に聞かれるたびにそう答え続けて3回目。今年の春の引っ越しもセルシオのおかげで手っ取り早く使いやすい駐車場を確保することが出来た。

18年に亘って使われてきたその名前は、今や大型であったり立派であったりということの代名詞として津々浦々に浸透している。スナックやラブホまでがセルシオを名乗るとは予想しなかっただろうが、当のトヨタ自身も高級マンションをセルシオヒルズと名付けて売っていたりするわけだ。

それほど親しまれた名称がこの9月に封印される。実質の後継車はレクサスが日本市場に投入する「LS」だ。欧米市場では既にLSとして売られていたセルシオを日本でのブランド展開に併せて改名、世界統一の名前とする――というのがトヨタの目論見である。

こういうややこしい話をほどきつつ、そのブランドのクルマが一体どういう芸風なのかをお客さんに理解してもらわなければならない。アメリカではメルセデスやBMWと並ぶブランドとして認知されているものの、日本でのレクサスはやるべきことが山積している。が、今度のセルシオ改めLSの登場でブランドが一気に浸透するのではないかというのが大筋の見方だ。

先日、そのＬＳに乗る機会があったのだが、トヨタの様々な期待を背負わされたそれは、乗ってみれば見事に高級セルシオだった。

相変わらず動いていることがわからないほど静かで滑らかなうえ、２００㎞／ｈ超で走ろうが曲がろうが張り付けたように車体が安定している。が、なんで自分がこんなスピードで曲がれてしまっているのかがわからない。走っている始終の、クルマ側からの主張や要求は無に等しいわけだ。

そういう、水のような芸風のクルマは好き者には得てして嫌われる。が、僕は決してけなしているつもりはない。普段飲む水の旨さを真剣に考えることがないように、クルマの旨さを連日真剣に考える人もそうはいないだろう。さも主張ありげなドイツ車に毎日付き合わされるのも辛いなぁという人が、寺のように静かな個室を得るために求めたのが、思えば歴代のセルシオだったわけである。

安心して飲むための水に金を出す時代の、安心して全部を丸投げ出来る高級車。レクサスはそこに自らの個性を求めればいいんじゃあないか。そう思えばＬＳはセルシオの美点を一段と昇華させた、比類なく強烈なクルマに仕上がっている。

065

ベンツ様がディーゼルを売るワケ

このところ、方々の報道で「ディーゼル」のネタを目に耳にすることが多いのではないかと思う。曰く、新しいディーゼルはお財布だけでなく環境にも優しいと、概ねそんな内容だ。

大きなきっかけとなっているのはメルセデスベンツが正式発表した、E320CDIの日本導入だ。ちなみにCDIは「コモンレール・ダイレクトインジェクション」の略。すなわちそれはディーゼルエンジン搭載を意味する称号だ。

あのベンツ様が、悪の枢軸扱いされていたディーゼルを堂々と売るってなんなのよ？　と、それは確かにヒキのいい話だろう。

出来るだけ綺麗な排気ガスを出すためには、出来るだけ理想的に燃料を焚くことが重要と、それはディーゼルだろうがガソリンだろうが、或いはストーブだろうが湯沸かし器だろうが変わらないことである。

ディーゼルがその点で決定的な遅れをとっていたのは90年代半ばまでの話だ。先のコモンレール式燃料噴射ポンプが実用化されたことにより、軽油がより高圧＝細かい粒子で燃焼室手前に送られることになり、根本的な環境性能は大きく向上した。その後、アクセルの操作に応じて燃料をどんなタイミングでどれだけ燃焼室に送るかという制御にも精密な電子部品が用いられ、それらを統合制御するコンピューターの処理能力も向上したことにより、現在の多くのディーゼルはガソリン比で遜色ない緻密な燃焼を可能にしている。

それでもディーゼルには、軽油を燃やすがゆえに拭えない弱点はある。目に見えない窒素酸化物（NOx）や、石原都知事でお馴染みの比較的見えやすい粒子状物質（PM）がガソリンに比べると多いという点だ。が、これに関してもここ10年でディーゼルを取り巻く触媒やフィルターの技術は飛躍的に向上し、現状の法規ではまったく問題のないレベルに到達している。

E320CDIの乗ってどうよ的な話は既にWEB等でもたくさんアップされているが、僕も概ね同意見だ。ガソリンでいえば5ℓ・V8級の鬼トルクのおかげで速さに対しての不満はまったくない上に、普段乗りでの扱いやすさはガソリンのそれを上回る。言われなければ気づかないほど静かで、もちろん煙の類は一切ない。それでいて燃費は都市部ばかりを乗り回しても8㎞／ℓ、高速道路なら14㎞／ℓくらいと、同性能のガソリン車に比べれば2～3割は上回っている。

と、こういうメリットを価格と相殺できるのは、本来なら長距離を走る機会の多い人だった。が、ここにきてのガソリン高騰によって、発泡酒的に税優遇されている軽油価格に人々の目が向き始めている。メルセデスは無論、最新ディーゼルの基幹技術を握る欧州の部品サプライヤーにとっても、対ハイブリッドに対する牽制どきとしては間違いなく追い風というわけだ。

066

飲んだら乗れないシステム

遅れる〆切にブー垂れることもなくつき合ってくれている某誌の編集者が、先日、遅い夏休みを利用して勝沼にワインを買い漁りに行った時の話だ。ワイナリーに着くなり、係の人にシールを渡されたという。

「『私はドライバーです』とか書かれてるんですよね」というそれは、間違えて窓まで一緒に塗っちゃったんじゃないかという真っ黒なベンツでやってきた、動物柄のTシャツを着た強面のオジさんにも容赦なく貼られるものなのらしい。要は試飲コーナーでドライバーがついそれを口につけてしまうことを阻止しようという試みなのだと思う。

福岡で起きた、飲酒運転による幼児3人が死亡した事故は記憶に新しいが、思えばそういう類のニュースは記憶が途切れる隙もなく、毎週末には新聞やテレビで見掛けているのではないだろうか。月に一度はどうやって帰ったか覚えていないほど大酒をかっ食らう自堕落な僕などは、なにかの拍子に加害者の側に回る可能性もあったのかもしれない。普段それを引き留めるのは自分がクルマ絡みで偉そうなことを吹いているという立場とか、さすがに40歳目前で飲酒運転はダサすぎるという体裁とか、そんな曖昧なものでしかなかったんじゃあないかと居たたまれない報道をみるたびに襟元を正される思いがする。

こういう意志の弱い輩に酒を飲んで運転させないための努力は自動車メーカーも行っていて、それは単なる啓蒙だけではなく、既に技術的に抑止することが可能になりつつあるようだ。

たとえばスウェーデンのサーブが2年前に発表した「Alcokey」というシステムは、自動車の盗難防止を目的としたイモビライザーという電子照合技術を活用している。鍵と共に携帯するキーホルダー型のアルコール検出器に息を吹きかけ、その結果が送信されないとエンジンは掛からない。そして呼気からアルコールが検出されればもちろん走ることが出来ないという仕組みだ。

イモビライザー自体は既に欧州では新車への装着が義務化され、10年近い時が経っている。そこにアドオン出来るシステムを300ドルくらいで提供したいというのが当時のサーブの発表だった。問題はアルコールの検知精度やシステムの安定性確保、なにより小型・低コスト化ということになるが、そういう話は数をこなすほどに大きく進化するのが弱電モノの常だ。

トヨタの渡辺社長は年初の基調講演で、このテの飲酒運転防止システム搭載を早期に市販車で実現したいという旨の話をしている。そんな甘っちょろい絵空事は企業論理としてはあり得ないだろうけど、もしトヨタのようなポジションの会社がそれを公開技術として傘下サプライヤーから安く供給するようなことがあれば、それは歴史的な仕事になるのになぁと思う。

067

軽自動車vs.コンパクトカー

9月は半期の決算だからクルマを買うにはいいタイミング……とは昔からよく聞かれる話だ。しかし新車登録台数の統計をみると、その9月伝説は崩壊しかかっていることがわかる。企業が横並びで3月を〆にしていた時代とは違い、今は販社によって決算月の割り方もまちまちだ。そして販売を援助する自動車メーカー側としても、原材料価格が生モノのように動く昨今、生産の山谷が激しいことにメリットはないという判断だろう。

とはいえ、マツダに乗る僕のもとにディーラーから毎週の如くDMが届くのは2~3月とこの時期だ。クルマを使う機会の多い夏休みに溜まった愛車への不満を、どうぞ我が店頭で晴らしてくださいとばかりに、焦点を失いそうな配色のチラシには景気のいい煽り言葉がバンバン踊る。

同じマツダでも偏狭な爆走銘柄に乗っている僕は、むしろ一緒についてくる格安オイル交換券などを楽しみにしているのだが、この間のチラシにはさすがにちょっとよろめいた。

「デミオ10周年記念特別価格・99・8万円」

その特別記念価格にはHDDナビ代までもが含まれていた。パナソニックのそれはご丁寧にダッシュボードに内蔵され、手動ながら格納することも可能で、チラシによると「盗難防止に大活躍！」なのらしい。

ちなみにそのナビの通常の上代は取付費込みで20万円余。100万のクルマのうちの20万をパクられたなら、確かに精神的なダメージは大きい。別の言い方をすれば、これはもうデミオではなくてナビが走っているようなもんではないか。ナビはおろか地図もなく、道は人に聞くしかない状態のＲＸ－７に乗っている僕は、マツダの大盤振る舞いに昨今のいびつな情勢をみるような気がした。

こうまでしてマツダがデミオを売る理由は他社にも等しく当てはまる。つまり、コンパクトカーのシェアを奪いつつある軽自動車への牽制ということだろう。

ともあれ軽自動車の最大の魅力は維持費の安さだ。税金も保険も、デミオ級に比べれば著しく優遇されている。が、肝心の燃費はどうかといえば思ったほどには伸びてくれない。衝突安全基準を満たすために大きく重くなった車体を、６６０㏄に縛られたエンジンをブン回して必死に動かすのだから当たり前の話だ。高速道路をよく使うようならトータルの維持費はコンパクトカーと接近することになるわけで、乗り出しの安い限定車を選べばその差は一段と縮まることになる。

一方の軽自動車は現状の車格を考えれば、８００㏄くらいのエンジンを与えることで小食な実用車の理想型にもなりうるわけだ。が、そんな話になれば贔屓なしの普通車メーカーがいよいよ黙ってはいないわけで、この辺りに今の軽自動車が置かれた痛し痒しの複雑な立場が伺える。

068

大門軍団の検問

先日、取材用に借りていたクルマを戻すために担当の編集者と地下鉄の駅のそばで待ち合わせた。用でもなければわざわざ日曜に来ることもないそこは、都心の真ん中とは思えないのんびりした空気が流れている。ビルの谷間から覗く雲の高さに秋の気配を感じながら、こんな日に仕事っていうのも世知辛いよなぁ……とどんよりしていると、いきなりけたたましい笛の音が側で鳴り響いた。

日々クルマに乗っちゃあああだこうだとのたまってお金をいただくような後ろめたい生活をしていると、そういう音には必要以上に動揺してしまう。辺りを見回すと、僕の真後ろで初代セルシオがお巡りさんに停められていた。そしてよくよくみれば、僕の前方では豊橋ナンバーのR2が同じように停められている。気づけば僕は、やんわりとお巡りさんに囲まれた検問のど真ん中で人待ちという、かなり居心地の悪い状況に陥っていたというわけだ。

なんかジャマそうだし、ちょっと移動した方がいいのかなあ。でもここで不意に発進しようもんなら、大門軍団がレミントン振り回してヘリ沙汰になっちゃうかもしれないし……。

結局待ち合わせということもあり、その場に居座ることにした。どっかでパクってきたわけではないけれど、自分のものでもないクルマに乗って検問の最中にいるというのは軽くドキドキするものである。

それにしても飲酒には早すぎるし、ねずみ取りはやってないしと、網を張るには不自然な時間と不思議な場所だ。そして検問の様子をみていても、お巡りさんに反則キップを切る気配はない。免許証と車検証を無線で照会してと一通りをすませると、若者らしき4人が乗ったR2は解放された。一方のセルシオをバックミラーでみると、助手席に座ったチビッコは無罪放免で苦笑いのお父さんを横目に半ベソ顔だ。これが1週間前の夏休みなら、パパはお縄者と丁寧な絵日記で学校に晒されたかもしれない。

旧い国産高級車、若者満載の軽自動車、ドレスアップした大型ミニバン、そして他府県ナンバーと、わざわざ選ぶように停められているクルマの芸風をみていると、確かに僕がお巡りさんなら思わずお話してみたくなるものばかりだ。不審そうなクルマを摘んで犯罪の未然抑止——となれば、印象がいいわけではない。アメリカの空港で、なにかの拍子にパンツのゴムまで触られる身体検査のそれと同じような理不尽さがこちら的にはつきまとう。

とはいえ頭ごなしにそれを叱る気にもなれないのが昨今のご時世なわけだ。エアロを巻いたペッタンコのベンツを、笛の音も上ずるほど必死で静止するお巡りさん。こんな昼下がりに赤棒振り回す皆さんだって世知辛いよね……と、なぜかその日は絵日記を書くチビッコのように純な気持ちになってしまった。

069

団塊の世代はレクサス祭り

ＬＳ登場の足場固めとして、レクサスの既存3車種に小変更を施しました――という主旨の試乗会に行った際に、興味深い話を聞いた。日本展開から1年経つ今も、ＳＣ４３０の売れ行きが全く衰えないという。

ＳＣ４３０というのはレクサスで唯一の2ドア、しかもオープンカーにして６００万円後半の値札という相当に狭い客層に向けられたクルマだ。しかも日本市場では01年にソアラとして既にデビューしている。細かなリファインは重ねているものの、新車というには鮮度が明らかに低い。

だからそれが、昨年のレクサス店スタート当初に3ヶ月待ちというバックオーダーを抱えたと聞いた時は単なる開店祝儀みたいなものだと思っていた。が、その勢いは今も続き、ＳＣ４３０は月販目標を上回る１００台以上、時に２００台近くを売っているらしい。ソアラ時代は、そんな放蕩ありえんわという時代背景もあって、月3桁台は夢のまた夢という惨状だった。

小綺麗な販売店に置いてレ印のバッジつけたら一気に倍以上売れるんだから、やっぱイメージって大事だよね――っていうオチの話ではない。ＳＣ４３０は売れるべくして売れているのではないかと思ったのは、お客さんの平均年齢がこのテのクルマとしては異例に高い55歳と聞いたからだ。

団塊世代が大金握って時間を持て余すこの先数年は、消費の現場にとっては正月とパーティーが一緒に来たような歓びの時間とされている。緩んだ財布を携えてお店にやって来るのは勤め上げたという達成感と開放感を何か手応えあるモノに変換出来ないかという、払いたくて仕方がないお父さんたち。確かに販売側にしてみればそれは、カモがネギにほんだしも抱えて現れたような確変祭りだろう。

子育ても仕事も一段落して、長年連れ添ったお前と一緒に温泉巡りでもするかという言い訳めいた大商いに対して、確かにSC430は理想的なクルマだ。景色のいいところではスイッチひとつで窓を開けるように気軽に屋根を開け、己の男人生に浸ることも出来る。

でも赤木圭一郎じゃあるまいし、年中オープンカーは気恥ずかしいよというオジさんにとっては、屋根が幌ではなく金属製というところが都合がいい。普段の見た目は平穏な2ドアクーペだから、ちょっと冒険しちゃいましてねぇなんて無理なく周囲に繕える。年齢的に斎場に行く機会も増えそうだが、最近は白いミニバンでも平気で乗り付けられるご時世ゆえ、地味な色を選んでおけば駐車場の端っこくらいには置いておけるかもしれない。

発売から5年も経つというのに、お客のニーズがソアラもといSC430にブッ刺さった。大トヨタとてさすがに予期せぬ事態だったらしく、現在は供給を安定させるのが大変らしい。07年の勝機は思わぬところに転がっていそうである。

070

Ｆ１は鈴鹿から富士へ

直前になってドサドサと役が乗ったこともあって、２００６年のＦ１日本ＧＰはＣａｎＣａｍ姉ちゃんが大好物ではない人にとっても、まともに大盛り上がり出来そうな気配になってきた。

今期限りの引退を宣言しているフェラーリのミハエル・シューマッハは、鈴鹿に悠長なラストランのために現れるわけではない。個人とチームの両タイトルを賭けて、ルノーのフェルナンド・アロンソとガチンコの果たし合いを繰り広げにやってくる。合わせて推定年収１００億の顎眉バトルは恐らくＦ１史に残るものになるはずだ。

ラストといえば鈴鹿サーキットでのＦ１開催も、２００６年で一旦お休みということになる。次回の日本ＧＰはトヨタが２００億という改修費を投じて生まれ変わった富士スピードウェイ。一方で鈴鹿サーキットを擁するホンダとしては、翌々年以降の再開催、もしくは日本でのＦ１ＧＰの2回開催を目指して主催者側と折衝を続けるという。

まだ来期の予定が確定しない段階でホンダが開催断念を発表した背景には、サーキット近隣の経済活動に対する配慮もあるらしい。週末に15万なんて人が集まるとあらば、確かにそれを見込んだ商売も多々あるだろう。なにかといえば大金のつきまとう、ともあれ大袈裟なスポーツではある。

先日、そのＦ１が行われる富士を、ルノーの新型車の試乗で走る機会があった。

改修されたここを走るのは3回目くらいだが、従来通りのシンプルなコース1周の前半に対して後半がやたら根性の悪いレイアウトになり、僕ごときがちょろりと回った程度では走り方の要領が全然掴めない。次回の日本GPはたぶん周の後半の抜き差しにドライバーの度胸と力量差が現れるのではないかと思う。

そんな難儀なコースでの試乗をなんとか粗相なく終えて、敷地の隅っこでメガーヌの写真をパシャパシャ撮っていると、ピットの方からけたたましい音が聞こえてくる。ほどなく、チャンピオンを賭けて今まさにフェラーリと戦っているルノーのマシンが凄まじい勢いでコースを走り始めた。

「明日はルノーF1のファンイベントがあるんで、その予行演習なんです。アロンソとフィジケラも来るんですよ」とルノーの日本法人の方曰く。聞けば現在ルノーF1に乗る2人は、イベントの目玉としてマシンのデモ走行やファンを乗せてコースを回るイベントにも参加するという。

この大事な時なのにF1ドライバーってお仕事も大変だな――と、そこでふと閃いた。ルノーチームとドライバーにしてみれば、新装なったトヨタ所有のサーキットを、イベントの衣を借りながら堂々と走ることが出来る。当然各種データ類も取り放題ではないか。

たぶん穿った見方ではないと思う。次の戦は、今年の一番も決まらぬうちからもう始まっているのだ。

071

アルファロメオという会社

「鋭いボディですね」

「これ入ったら危ないです」

「あっ、だめえっ」

「きぃやぁーーーーーっ」

「いやあ、危険な男です」

台詞だけ聞けばちょっとした淑女の色事だが、一緒に流れているのは物騒な外人の流血映像である。

K－1を視るたびに、長年ヒラヒラの服を着て実況席に陣取っている藤原紀香という人は一体どうなりたいのだろうと思っていた。近頃は、来夏の参院選に出馬打診なんて話もある。殴り合いとアフガニスタンを経てレオパレスの紀香先生は、いよいよ議員宿舎の紀香先生になってしまうのか……。どうでもいいことを考えていた先日、知人から相談を受けた。

「159買いたいんだけど、どうかね？」

159というのはイタリアのアルファロメオという会社が作る中型セダンだ。ライバルはメルセデスのCクラスやBMWの3シリーズ辺りといえばおわかりの通りで、輸入車としては一番売れ筋のところに落とされる売価400万辺りからの戦略車種でもある。

この会社の歴史はその前身を含めると、4年後に創業100年を迎えるほど旧い。発展の過程にはいつもレースがあり、会社の看板を背負ったドライバーの中には、戦後にフェラーリを興したエンツォの名もある。アルファロメオがフェラーリの母と言われる所以だ。

一方で彼らは後先考えず駆けっこなんざにうつつを抜かしていたものだから、その人生の半分をどこかの組織にひっついてお世話になるという生活を送ってきた。イタリアにはそんな自動車メーカーが幾つかあって、現在はそれらの胴元をフィアットが担当している。

たまさか出張先の機内で読んだ数週間前の日経に、そんなアルファロメオを称えるような酔いしれコラムが掲載されていた。曰く、アルファロメオは楽器だと。この場違い感は愛の流刑地以上だなあと思いながら、興味深く拝読した。確かにかつてのアルファロメオは、エンジンを回せば紀香様の実況ばりにたまらない音を鳴らす。それがクルマ好きを虜にする大きな要因だった。

でも、新しい159ではその絶叫がやや控えめになり、乗った感触もやけにカチッとした、信頼感のあるものに変わっている。開発途上で提携関係にあったGMの意向が強く響いたそれは、相変わらず個性的ではあるものの、クルマ好きの間でも賛否の対象だ。

個人的にはアルファロメオも大人の段階をひとつ昇ったのだと思う。叫んでりゃあかわいいと喜ばれる時代がいつまでも続くもんじゃあない。冷静なドイツ車のお客さんにも乗ってもらえるクルマ作ろうやと、そんな意志が働いたとしてもなんら不思議ではない。

同様に、裸まがいのドレスを着て絶叫する紀香様が先生と呼ばれる日が訪れたとしても、さもありなんと思う今日この頃である。

072

タイヤも韓流

先日、パリで行われた大きなモーターショーに顔を出してみて、ちょっと驚くことがあった。各社の展示車が装着しているタイヤの銘柄に目をやると、以前よりも確実に韓国ブランドのシェアが上がっている。

通常、モーターショーに並べる市販車というのは工場ポン出しにみえて、革巻ハンドルの縫製や塗装の仕上げひとつとっても恐ろしく気が配られているイチモツだ。コンセプトカーに至っては塗装に1000万円使っちゃったなんて話もザラにある。もちろん展示車は試乗出来ないので中身は至って普通だろうが、衆目に晒される部位はコンパニオンのムダ毛並みに執念深く完検がかけられているわけだ。そこにハンコックやクムホといった彼の地のメジャーがしっかり食い込んでいるのをみて、いよいよ日本のサプライヤーもうかうかしていられない時代なのだなあと痛感させられた。

韓国ブランドのタイヤを履いた市販車をショーに並べているということは、少なく見積もってもご当地であるフランスのお客さんがそれをガシガシ使い倒しても問題ないですよというメーカー側のお墨付きに等しい。フランスの高速道路は制限速度が130㎞／hに規制されているが、EU圏の行き来が自由な昨今では、Fナンバーのクルマが隣国のアウトバーンに乗り込むことも充分考えられる。そして何よりフランスは、ベルジャンと呼ばれる石畳の旧い馬車道が多く残っている。タイヤにとっては労災にも等しい職場環境だ。

彼らが伸してきている最大の理由はともあれ価格だろう。日本のカーショップで売られている韓国ブランドの交換用タイヤの価格が2割は違うことを考えると、それを1台あたり最低4本は使う自動車メーカーにとっては、当然無視できない仕切値の差になる。

しかし注目すべきは価格よりも、韓国ブランドがヨーロッパの地で、たとえ大衆車であれ、その要求に適う性能を提供しているということだ。こんな話が液晶や半導体の世界で散々繰り広げられてきたのだと思うと、クルマとて例外はないと身につまされる。

その翌日、ドイツで乗ったAMGのCL63というクルマには、同社にとって初採用というヨコハマのタイヤが装着されていた。メルセデスのCLクラスを更に物騒にチューニングしたそれは、500ps超の出力でもって、リミッターがなければ300km/h超の最高速をマークするだろう弩級の豪腕クルーザーだ。

速度無制限の区間で、その2t級の車体をブーンと加速させてみた。僕の腕前にはそんな暴挙にでるにあたっての根拠はなにもないが、クルマは朝飯をかっ込んだあとでゲップでも出すように、何のてらいも迷いもなく平然と240km/hに導いてくれる。少なくとも新幹線とタイヤには、まだまだ日本の出番があるわと思った次第である。

073

ダイハツ猛追のワケ

33年連続ナンバー1。

スズキが軽自動車市場で張り続けているシェアトップの座は、これほど長きに亘って続いている。

ちなみに初めて1位になったのはオイルショックの昭和48年だ。この年の流行りごとを調べてみると、燃えよドラゴンや珍獣ブームといったキーワードの中に「喝采」をみつけた。酔っぱらうとついうすら涙を浮かべて口ずさみたくなる、僕のカラオケの数少ないレパートリーのひとつだ。

ヌンチャク・ツチノコ・ちあきなおみ……。

当時は安井かずみもイケイケのお姉さんだったのだろう。油がないなりに、楽しい世の中だったんじゃあないかと思いを馳せる。

そんな時代から守り続けたスズキの王位に今年、いよいよ引導が渡されるのではないかという予測が流れている。猛烈な追い上げをみせているのはダイハツだ。

ちなみに両社の今年のシェアは1~9月の数字でスズキ30・6%に対してダイハツ29・5%。更に4~9月の上期でみれば0・6ポイント差と、ジリジリとダイハツが追い込みをかけているのがわかる。

この話は突然に始まったわけではなく、実はここ2~3年、両社のシェアは常に拮抗していた。得てして年末にはスズキが一気に逃げ切るというカタチでダイハツは煮え湯を飲まされ続けてきたわけだが、今回はちょっと旗色が違う。

今年ここまでのダイハツの好調は主力ではないクルマ、すなわちタントやソニカといった隙間モノの思わぬ好調によって支えられてきた。お疲れ気味の4番打者が淡泊に打率を積む中での、これは全員で稼いだ成績といっても過言ではない。

そんな試合展開で王者スズキにここまで肉薄し続けた挙げ句、いよいよ4番打者であるムーヴが4年ぶりのフルモデルチェンジを迎えたわけである。天下獲りを狙うダイハツとしては一死満塁で交代した相手ピッチャーがなぜか古田級の大チャンス。後は黙してバットを振るだけという状況だ。

そんな状況にあって、ムーヴはそれまでのハコ丸出しなフォルムを捨て、ハナをクルッと丸めた新鮮なワンモーションフォルムを打ち出してきた。全面新設計に伴ってホイールベースも限界まで延ばされ、室内の広さはもう住んでもいいやと思わせるほどだ。仲間由紀恵と柴咲コウの豪華援護射撃を借りずとも、ピンで充分にアタマを張れるほど商品力は高い。

そんな中、スズキは肉を切らせて骨を断つ作戦に打って出ているようだ。本丸はトヨタと言わんがばかりに、かつてなく好調な欧州市場や圧倒的シェアを誇るインド市場などで足場をきっちり固めるべく、軽自動車を減産してまで普通車戦略を強化しまくっている。こちらは赤西くんとは違って、趣旨至って明快な留学中というわけだ。やっぱり目先の数字に踊らされてはいかんなあと思う。

074

カローラと僕。

カローラが生まれたのは丙午の66年。つまり早生まれでもうすぐ四十路の大台に乗る僕と同学年である。

片や単一銘柄としては世界一の３１００万台を超える総販売台数を誇り、１４０カ国以上でシノギを立てるトヨタの大黒柱。

片や生来オレンジジュースの発音がおかしいらしく世界のどこに行ってもホワットと聞き返される、日本語でしか生きていけない物書きの端くれ。

同じ月を見て過ごしてきたはずなのに、まあ見事なまでに差が付いたものである。それでもなんとなくヤツに「おめータメじゃん」の一方的な親近感を抱きながら、今日もペシペシとパソコンのキーを叩く午前2時。家の車庫には取材用に借り出したピカピカの新型カローラが停まっている。

昨日は1日、２００㎞強のドライブをカローラと共にした。総じていえば鮮烈な印象みたいなものはまったくない。とにかく粗相のようなものは一切見せず、ひたすら真面目に淡々と距離を刻む。カローラらしい仕事ぶりだなあと思う。

もちろん新型は前型と比較すれば、全ての面で確実に進化の跡がみえる。中でも大きく変わったなと思わされたのは内装の質感が一気に高められたこと、そして高速や山道での安心感が一際上がったということだ。すなわちカローラらしさを保ちながらも、より国際競争力を高めたのが今回のモデルというわけである。

ショールームで車内に座った時になんか高級だなぁと思わせる、そんな売価に対する内装の作りの良さは長らくトヨタの十八番だったわけだが、近頃はドイツ車の侵攻が著しい。90年代後半にVWが徹底的に見た目の品質向上戦略を採った結果、現地の部品メーカーの製造レベルも一気に引き上げられ、彼の地のクルマは軒並み日本車に迫るクオリティを手に入れている。

VWがそこに力を入れることになった動機には、間違いなくトヨタの影響がある。たとえば看板のゴルフに対してカローラは一体何が勝っているのかを研究した結果、行き着いたひとつがショールームでの商品力だったというわけだ。

並行して、90年代に経営不振に陥った欧州の自動車メーカーは、おしなべてトヨタの高効率な生産方式を実践した。それをいち早く範にしたのは意外にも、当時会社の存続をも危ぶまれていたポルシェだ。彼らが現在、史上最高の売り上げと共に絶好調のファイナンスを誇っている背景には、トヨタ方式を下敷きにした開発と生産の改革があったと言っても過言ではない。

それほど敬愛されるトヨタ式を育てたクルマが何あろうカローラだ。自動車産業の鑑ともなったそれに立ち止まりは許されない。片方で世界のあれこれを見据え、片方で見ずテン指名買いの膨大な顧客の嗜好に添い続ける。いくら働き盛りとはいえ、本当に大ごとを背負わされた40歳である。

075

ボンドカーの身売り話

海外出張から戻るとやっぱりおばんさい的なものが恋しくなって、夜も更けた頃についつい足を運んでしまうのは近所の小料理屋だ。

００７シリーズに出てくるMによく似た短髪の女将は、薄暗い店内で芋焼酎を2〜3杯勧めながら、腕時計の時差を直す間もない僕に、容赦なく新たなミッションの遂行を求めてくる。

「区画整理で駅前のけやきが切られそうなのよ。反対の署名書いてくれない？」「このスピーカーをね、梁の上に置きたいんだけど私じゃあ届かないのよ……」

渡された書類にスラスラとサインをし、せっせと柱によじ登る僕はさしずめ酔いの回った街のジェームズ・ボンドだろうか。

そんな僕に挨拶もなく、6代目ジェームズ・ボンドを襲名したダニエル・クレイグという人を先日はじめてテレビでみた。MI6というよりKGBという感じの冷たい風貌で、歴代のコマシ面な俳優たちに比べると目に情がない。僕がボンドガールだったら寝床でこの顔は嫌だなあと思う。

そんな彼の主演する００７のシリーズ最新版が日本でも公開される。ちなみに今度の作品にもボンドカーとしてアストンマーチンが登場するらしい。

もともとはかなり油臭いエンジニアリングをウリにしていたアストンマーチンという会社は、実業家の手によって小綺麗な高級スポーツカー屋さんへと転身した。そのブランドイメージを周知とするために、００７シリーズとの連携は劇的な効果をあげたはずだ。

しかし70年代以降、イギリスの自動車産業そのものの衰退と連動して、アストンマーチンも社主が頻繁に入れ替わる流転の人生を歩み始める。そしてようやく巡り会ったフォードとの提携で、20年近く止まったに等しかったクルマ屋としての時計がチキチキ進み始めたというわけだ。ほとんど民芸品の域に達していたかつての古臭さも、昨今のモデルには微塵もない。英国製というご当地感だけを巧みに残しつつ、ポルシェやフェラーリに殴りかからんほどの性能を有している。

ブランドイメージに商品力が伴えば欲する人が増えるのは当たり前なわけで、現在のアストンマーチンの業績は絶好調だ。本体が窮々のフォードにしてみれば、開発・生産の相乗効果が薄い彼らを高く手放すにはいい潮目だったのだろう。

かくして、フォードグループからの放出が決まったアストンマーチンに食指を伸ばしているのがブランド帝国のLVMHだという。当初から噂のあったそれは徐々に現実味を帯び始めているようで、最近の報道もやけに具体的になってきた。

KGBのようなジェームズ・ボンドが乗るLVMHのクルマ……。思い浮かべただけで腰の砕けそうな組合せだが、それも時代の流れである。もしそんな話が現実になれば、こちらとしてはアストンいじり壊さんで下さいねと願うしかない。

076

エンスト・ミッドナイト

燃費良くないし……という理由でルポばかり乗っていたこの夏、ほとんど車庫で惰眠をむさぼっていたRX－7を久しぶりに引っ張り出してみた。

予想はしていたものの、キーを捻るとセルの回りが実に弱々しい。身に覚えがあったのは、かれこれ5年近くバッテリーを交換していなかったからだ。

こんな仕事をしていながら愛車のバッテリーをここまで弱らせてしまう。寿司屋が酢を切らしたような恥を晒すのは、この時分にバッテリーを上げてしまうと夏場以上に悲惨な事態を招くからである。氷点下に人気のない、ケータイも繋がらないところで締め出しなんてことになれば――と考えると恐いわけで。

特に寒冷時はバッテリーの劣化が読みづらい。金曜までは兆候もなかったのに、土日を挟んで月曜の朝にエンジンを掛けようとしたらウンともスンともいわないなんてことは過去に僕も経験した。冬場の突然死の恐怖は風呂や雑煮ばかりではないということだ。

銘柄や使い方による劣化の差はあれど、バッテリーの平均的な寿命は3年くらいと見込んでおいた方がいい。たとえ該当しなくても、ヘッドライト点灯時にウインカーを出すと室内灯やメーター照明がぼやっと明滅するなんて微妙な変化が感じられたら、用心するに越したことはないと思う。

というわけで、なんとかエンジンも掛かり、ディーラーへRX－7を走らせ始めた。お年寄りと同様で、長生きには動かないのが一番なんて話はクルマにも全く当てはまらない。せめて月に1度はエンジンを掛け、最低でも10㎞くらい走ってやり、油脂やゴム類を馴染ませることが大切だ。その際に最もやってはいけないのはいきなり全開にすることで、それこそ直撃でクルマの寿命を縮めてしまう。

しかし情けない……と、リハビリ気分でじんわり走らせていると、しばらく寝ていた機械の節々になんとなくアタリがつき始めるのがわかる。が、それにしても乗り心地がガツガツとひどいのは、タイヤの方も5年近く履き替えていないからだ。こちらだって3年も経てばゴムの硬化が始まるわけで、乗り心地などは時と共に二乗のペースでみるみる悪化していく。

特に表面の柔軟性によって密着力を高め、氷雪のグリップを確保しているスタッドレスタイヤは自然硬化の影響が著しい。まだ溝があるし……と長いこと使い続けていると、思わぬ場面で滑って停まれないという銀盤コントのような目に遭うことになる。コントならまだいいが、その先に大きな交差点や通学児童の列などあった日には——と考えるとこれまた恐いわけで。

……いや、人の冬の身支度など偉そうに心配している場合ではない。こちとら忘年会も控えたこの時期にタイヤ4本とバッテリー1ケかよと、街のサンタにすがりたいほど痛い話である。

077

新型スカイラインはヤバイ

読者の皆さんの多くは、特に男子に至っては殆どの人は「スカイライン」という名前を聞いて、何かしら心に思い浮かべるものがあるのではないだろうか。

日本グランプリのS54B、ありゃ衝撃的だった……。

そういえば昔の彼によく乗せてもらったわね……。

ケンメリ、欲しかったんだよなぁ……。

GT－RならやっぱR32しかあり得ないっしょ……。

それはもちろんスカイラインという名の歴史の深さによるところではあるものの、数字やアルファベットの羅列による味気ない車名とはひと味違って、コトバの車名はなんだか世代を超えて想い出の価値観を共有しやすいような気がする。

そのスカイラインも来年、初代の誕生から50年を迎えることになった。カルロス・ゴーンが公言したGT－Rの発売時期も来年辺りに控えているとあって、日産はそれ絡みのイベントを色々と企んでいるらしい。

その先鋒として、フルモデルチェンジした新型スカイラインが、今週お披露目となった。新型エンジンの搭載から生産・品質管理の刷新まで、ヒキのいいトピックはいくらもあるが、日産にとって最大の心配事は、日本のお客さんが新しいこれをスカイラインとして受け入れてくれるかということではないかと思う。

つい先日まで現役だった、縦長のヘッドライトを持つ先代スカイラインは日本のファンの間で賛否の渦を巻き起こしたクルマだ。ずんぐりとしたスタイルにL字型のテールランプと、それまでのイメージを全否定するようなルックスに、濃ゆい愛好家の方々はとりあえず一斉にドン引いた。

一方で先代スカイラインはアメリカ市場で大成功を収めている。日産版レクサスともいえるインフィニティブランドの中核に据えられたそれはBMWの強力なライバルとなり、再建まっただ中にあった日産にとっては救世主ともいえるクルマになった。実際、西海岸では厚木にいるかの如く、スカイライン＝インフィニティG35が走っているのを頻繁に見掛けるほどだ。

それまで日本専売のクルマだったスカイラインも、英語を覚えた今やいっぱしのプリンセステンコー状態。確かにそうなのだが、お嘆きの方に僕は耳元で囁いて差し上げたい。今度のはヤバイですよと。

ヨーロッパの名だたるあれこれと、真剣に肩を並べられる性能と乗り味。早速試乗した印象でいえば、新しいスカイラインは間違いなくそれを有する、日本車としては悲願のFRセダンにまで成長している。走ってナンボがスカイラインの生命線だとすれば、これほど明瞭にスカイラインだわと思えるクルマもない。あとはどうやって日本人としての想いに折り合いをつけて、バイリンガルの帰国子女と臆せず向き合うのか。今日びの職場でもありがちな、そういう決断を迫られているような気がする。

078

マセラティという最難関

床屋なんかに行くと、手持ちぶさたにまかせてラックに刺さっているLEONなんかに手を伸ばす。ページをめくると相変わらずこっちが赤面するようなジローラモがいっぱい載っていて、これはこれで面白い。

反面、頭の中ではこうも思っている。こんなオッさんは歯医者か電通でしか見ないよと。

そんなものだから、たまにイタリアに行くと、その道端のジローラモ率に驚かされる。平日の真っ昼間だというのにあっちもこっちもそれだらけ。中にはLEONのより強烈な、ジローラモAMGみたいなのまで歩いていらっしゃるのだ、カバンも持たずに。

そうなのか。イタリアではこれが普通なのか……。

ホテルに戻り、夜の会合に向けて着替える際に、つい昼間のジローラモAMGのことを思い出し、シャツのボタンを3つほど外し、恐る恐る素足を革靴に通してみる。そしてソファにドーンと座って自分の姿を鏡に映してみるわけだ。

……なんだこりゃ。

胸のはだけた上半身は機内で心臓発作のサラリーマン。素足に革靴の下半身は摘発された韓国エステから逃げ出すサラリーマン。

これじゃあチョイワルの悪がメタボリックかわいせつ罪の悪ではないか。

そんな僕のようなベタな日本人にとって、もっとも難易度の高いイタリア車といえばやはりマセラティだろう。フェラーリやランボルギーニはクルマ自身があんまりに強引ゆえに、中身を傍目が勝手に決めつけてくれる。持ち主の側にしてみれば、どうせ目立ちたがり屋か呆れたクルマ好きとしか見られないでしょと。そう開き直りさえすれば、これらは制服のように着こなしの楽なクルマだ。

が、マセラティはそうはいかない。なにこのクルマ？　から始まり値段を聞かれ、どうしてポルシェやフェラーリじゃなくてこれなの？　と諭される。ソープ行けの北方謙三とか星みっちゅでしゅの堺正章とか、このクルマを取り巻く芸能人もなんだか一癖ありそうな人たちばかりだ。思えばジローラモも、確かこれのオープンモデルに乗っていた。

が、この一筋縄ではない周辺環境が、マセラティというクルマのテンションを保つ上での好材料となってきたこともまた確かだ。イタリア銘柄に捺されがちな赤い能天気という烙印を、フェラーリではなくて敢えてこれを選んだという放蕩感を漂わせながら回避出来る一方で、なんか物事考えてるっぽい割に、やることぁやるという別腹っぽい妖しさは見た目からして満々だ。自分がそこに収まることさえ厭わなければ、こんなムシのいい話もないんじゃあないだろうか。

先日、そんなマセラティに久々に乗ることがあったのだが、ビルの窓に映るその姿は、あの日の心臓発作となんら変わらないものだった。どだい僕には一生無理目なクルマである。

079

うさんくさい燃費

「お宅のネット、光にしませんか？」という電話がちょくちょく掛かってくる。仕事で家にいる時間が極端に短いのに、頻繁にその電話を受けていることを考えると、留守の間なんかはじゃんこじゃんこベルが鳴りまくっているのだろう。

「光ファイバーだと100メガの速度が出ますから、映像も快適にご覧になれますよ」というのが彼らの殺し文句だ。そりゃあエロサイトの動画会員であれば100メガの破壊力に酔いしれたくもなるだろうが、こちとら夜中の滝川クリステル拝観も精一杯の生活ゆえ、悲しいかなそんなことを企んでいるヒマもない。

それに、いま契約しているADSLには理不尽な思いもさせられている。24メガ繋ぎ放題なんてパックに加入したものの、いざ接続してみたら2メガ強くらいの速度でしかネットが繋がらない。故障かよと思って電話をすれば、サポートセンターのオバちゃんは、それは故障ではなく仕様ですなどとのたまわれる。

「電話線の長さと速度損失って比例してるんですよ。だから基地局から離れるほど遅くなるんですよね」

PC誌の編集者に相談すると、さも当然とばかりに解説してくれたわけだが、素人にしてみればそんなことは知ったこっちゃない。仕様だの理論値だの、ご託はええから約束の24メガちゃっちゃと出さんかいと、僕は電話会社に幾度か文句を垂れたことがある。

傍目にはクレーマーまがいだろうが、事情を知らない者にしてみればそれはまっとうな主張……という話がクルマにあるとすれば、たぶんカタログに載っている燃費に関してだろう。実際に買って乗るとその値が絵空事じゃねえかという燃費しか出ずにがっかりしたなんて話はよく耳にする。

カタログ上の10・15モード燃費というのは、都市~郊外を想定した10&15の走行パターンでの燃費を計測し、その平均値を示したものだ。ネットの速度と違って理論値などという話はなく、公的な試験場に実車を持ち込んでの計測で確認された値が記載を許される。裏取りはそれなりになされた数字というわけだ。

各自動車メーカーには大抵、ガソリン1滴を踏み分けるほどの神業的なアクセルワークを持つテストドライバーがいる。新型車を開発するエンジニアは、目標燃費にどうしても0・3km/ℓ届かないなんて時に彼らの職人芸にすがりついて計測を迎え、上司のお叱りをなんとか免れるということも多々あったという。

そんな10・15モードという基準が現在の交通環境とかけ離れていることは常々指摘されていて、より実情に即した計測方式への変更が検討されている。早ければ2010年頃には、もう少し白々しくない燃費の数字がカタログに収まることになりそうだ。その頃には光どころか地デジもままならない生活になんとか決別していたいもんである。

080

アウディの芸風

日本はとにかくドイツ車の強い市場で、フランスやらイタリアやらとクルマは連日じゃかすか陸揚げされているというのに、輸入車全体のうちの8割近くはドイツのものが占めている。

ちなみにメーカー別のシェアでいえば1位がVW、2位がメルセデス、3位がBMWと、恐らくはこの3強で全体の7割くらいは牛耳っているのだろう。そして昨今、そこに猛追しているのも、同じドイツのアウディだったりする。

メルセデスとBMW、そしてアウディは世界的にみても高級車ブランドの好敵手として認知されているようだ。特にここ10年くらいのアウディの追い上げは強烈で、あれよあれよという間に両社と肩を並べるに至った。特にヨーロッパでのウケは相当なようで、ドケドケオーラをブン撒くアウトバーンの主役はすっかりアウディといった様相だ。

90年代の前半まで「技術による前進」という社是そのままに不器用なクルマ作りを続けていたアウディは、それを革新的なデザインとこましゃくれたプロモーションで包み込んで、洋服屋のように小綺麗なお店でそれを売るという、全世界を挙げてのブランド改革に邁進した。油臭い場所として放置されていたクルマ業界にファッションビジネス的な要素を採り入れたという点でも、それはかつてない試みだったように思う。

そんなアウディだからして、日本でもクルマに望んで余計なお金を払いたいという向きの関心が高いようで、ベンツとビーエムとアウディって結局どれが一番いいのよ？　なんて話を知人に振られることも多い。

でも、そういう話はクルマ好きとして答えに困る。三社の間には少なからず、機械としての芸風の違いみたいなものがあるからだ。

うーん、上司に例えるなら……。

メルセデスは居酒屋でも仕事のグチを肴に部下をねぎらう、お銚子が似合いそうな人情派？

ＢＭＷはウコンハイ2杯飲んだだけなのにネクタイを頭に巻いてマイク握りっぱなしの劇場派？

アウディはそんな2人に目もくれず、一次会で会社に戻ってパソコン開きそうな冷徹派？

あー、でもアウディはやる時はやる雰囲気あるよね。なんか、笑いながら人を殴ってるような底知れない凄みが走りにあるって感じ。

――なんて物言いをすると、大抵はドン引かれるわけだけど、クルマ好きにはなんとなくわかってもらえる話ではないかと思う。

それにしてもこれらの会社がご立派なのは、互いがカブることなく、三社三様の中身であり続けようと自浄していることだ。仮に目をつぶって走らせたとしても、自分たちのクルマだと直感させるような感触が端々に宿っている。こういう意志と仕事の深さをみせられると、レクサスもやっかいな輩を向こうに回してるなあと思い入る次第だ。

081

「自販連」って知ってる？

自販連という団体が毎月6日前後に発表する前月の新車の販売ランキングは、車種別の前月比や前年同月比の動向もひとめでわかるため、そこから時勢や嗜好もかいま見ることが出来る。僕のような仕事にとってはオリコンやビデオリサーチの数字みたいなものだ。

というわけで先日もいつものようにブックマークから自販連のHPに飛んだ。発表日ゆえアクセスが集中しているのだろう、重たいデータが開くまでの間にやたらと小袋の多い大袈裟なカップ麺をいい歳した男が背中を丸めてちまちま調理する。思えばそれも毎度6日の体たらくではないか。

情けなくも蓋を取った満面の湯気に気を取り直し、箸をくわえて机に戻るとハイライトのくん玉をそっと容器の底に沈めて、ずるずる麺をすすりながら11月のデータをチキチキと目で追う。デイトレの人々は毎日こんなことしてるんだよなぁと思うと、自分は先立つものが体脂肪くらいしかなくてよかったのかもしれないと思うことしきりだ。

そうこうしているうち、一桁台の上の方にあんまり見慣れない名前が顔を出していることに気がついた。ん、プリウス?! えっ、プリウス5位って何よそれと。

カローラ・ヴィッツ・エスティマ・フィットとアタマ常連のメンツに並び、いきなり燦然と輝くプリウスの名前。ちなみにその台数は前年同月比では190%以上と、殆ど2倍に近い売れ行きを示している。

気になって10月の販売ランキングを覗いてみたら、すっかり見落としていたようでこの月も7位にプリウスがランクインしていた。ちなみに9月の数字は22位だ。これがザ・ベストテンなら今週のスポットライトをすっ飛ばしていきなりランクインという、久米宏もボールペンを落っことしそうな事態である。

この1年、大したモデルチェンジもなかったというのにこの異様な数字の伸びは何を示しているのか。恐らくこの春から夏にかけてのガソリン暴騰に閉口したり危機意識を抱いたりした方々が一気にプリウスを買いに走った、その受注が今になって必死で捌かれているということだろう。

実際、プリウスはアメリカでも爆発的に売れているため生産が追いつかず、両国では慢性的なタマ不足が続いていた。一時は国内で4～5ヶ月待ちという事態にもなったため、トヨタも供給の割り振りの調整には相当苦慮したらしい。現在は1～2ヶ月にまで納期が短縮されているという。

それにしても販売台数が1000台ばかし上乗せされた途端にいきなりの7位やら5位やらである。プリウスの事態は裏を返せばいかに分母に力がないか、すなわち国内新車販売の総数が落ち込んでいるかの証ともみてとれなくはない。そこの片隅でメシを食っている僕とて、年の瀬に悠長にくん玉を沈めて喜んでいる場合ではないわけである。

082

フェラーリF599、走る一戸建て

年末年始らしく景気のいい話――といっても僕の私生活にはてんでカラみのないことなのだけど、先日、某誌の取材でフェラーリ「F599」に乗った。

ちなみにF599とは日本市場での特別な呼称で、欧米では彼らがF1や市販車の開発を行う専用サーキットのある地名をとって、同じクルマが「599GTBフィオラノ」と呼ばれている。その名が使えなかった背景には日本での登録商標の問題があったらしい。フェラーリになんの借りもあるわけではないが、そういう神田うのまがいの話はみっともないなあと思う。

あれは3年前。8000万円の値札を聞いた時にはいっこく堂の傍らの子みたいにアゴを落とし、それが秒殺で完売と聞いた時はザ・たっちばりの幽体離脱に見舞われ……と。いざなぎを超えられない多くの庶民に、そういうやるせない衝撃を与えたフェラーリの限定車といえば、創業者の名を冠した「エンツォ」だ。

F599はそのエンツォ譲りの6ℓ12気筒エンジンを搭載し、620psという北朝鮮にも到達しそうな馬鹿力を絞り出している。ちなみに最高速度は330km/h以上。今日びの欧米では商品の性能にまつわる数字がホラだとバレれば訴訟沙汰にもなりかねない。つまり、このデータはどのF599にも等しく備わっている能力の一端である。

ちなみに日本での売価は3045万円。僕が乗ったF599には更にF1まがいのカーボンセラミック製ブレーキなんかも装着されていて、そのオプション代を含めると上代は3500万円近くに達していた。厚木の建て売りに便所と風呂と床暖房をもう一個ずつ付けちゃったみたいな、文字通り走る二世代住居である。それが10月の販売開始と共に100台以上のオーダーが入り、今頼んでも納車は2年先なんて事態なわけだから、やっぱり日本は誰に断るでもなくいざなぎを超えていたんだろう。

我々にとってはテポドンに乗って宇宙に行くような話だが、今、このテの千万級スーパーカー市場というのはそれこそヴィッツ対フィット級の切磋琢磨を繰り広げている。F599の完成度は強力だ。壊滅的に速いだけではなく乗り心地も考慮されているし、新しい12気筒はいかにも馬モノらしいハイトーンのサウンドも備えている。同級のアストンマーチンやランボルギーニに対しての優位はこれで間違いなく築かれた。

でも、今やフェラーリの敵はそればかりではない。乗り物だけでもヘリだのボートだのという、お金持ちの方々が4桁万円を投げるマンガのような消費環境は日本でも確実に前進している。同じ馬主でもやっぱりクルマだろうと彼らに思いを寄せていただくためにはフェラーリ様とてあぐらはかいていられない。食えない話だが、結局それが走る二世帯市場のテンションを支えているわけだ。

083

物騒なクルマだヨ！　全員集合

日本の約3倍、年間1700万台もの新車が売れる世界最大の自動車消費国といえばアメリカ。そのアメリカはデトロイトで毎年この時期に行われるモーターショーには、当然ながら各国の自動車メーカーの首脳陣がこぞって押し寄せる。

ちなみに以前、某社の人に聞いた話では、こういう場所に役員が大挙する際、なるべく同じ飛行機には乗り合わせないように調整するものなのらしい。要は万一の事故でお偉いさんが一気にいなくなる事態を想定しての配慮というわけだ。ドライな話だが、これも大企業としては必須の危機管理ということなのだろう。

そのデトロイトショーで発表されるクルマの情報は年末くらいからパラパラ漏れ始めるもので、その話を繋ぎ合わせてみると、どうやら今年の彼の地の話題は物騒な日本車が席巻しそう――という絵がみえてくる。

中でももっとも注目を集めそうなのはホンダだ。トヨタでいうレクサスのような、ホンダの高級車ブランド「アキュラ」は、日本でも08年からの展開が予定されている。今回アキュラが発表する「アドバンスド・スポーツカー・コンセプト」というモデルは、その08年末に発売されるだろうと囁かれている次期NSXのコンセプトモデルだ。

そこに黙っちゃおれんと一石を投じるのがトヨタのレクサス。発表される「LF-A」は09年の発売が見込まれていて、既にガシガシとテストコースを走り回っている。05年の東京モーターショーでも市販モデルにほど近いとおぼしきデザインはお披露目されているが、今回のデトロイトでは顔周りをやり直した、より現実的なデザインが見られるのではないかという噂だ。

この、アキュラとレクサスの2台は共にF1テクノロジー満載のV10エンジンを搭載し、300km／h超の最高速を誇るモデルになると言われている。となればライバルはポルシェやフェラーリということで、価格は恐らく1000万を超えるという、何もかもが日本車としては未踏のスーパースポーツだ。

他にも日産がGT－Rの、三菱がランエボの、それぞれ限りなく市販型に近い次期モデルをデトロイトで披露する。これにスバルのインプレッサも加わっての、今や日本の特産である暴走系4WDターボ車は、揃って今年中の発売が確実視されているわけだ。

今やこれらの物騒銘柄が狙いを定めるのは、凹むことなく高級車やスポーツカーが売れ続ける欧米の市場だ。一方ミニバン天国の日本市場でも、07年問題を追い風に、新車販売低迷の風向きがこれらによって微妙に変わるのではないかと期待されている。ともあれ日本のメーカーがこれだけ一斉にスポーツモデルを投入するのはバブル期以来の話で、クルマ好きにとっては久々に話のネタに事欠かない年になりそうだ。

084

免許交付料、値上がりです

昨年、中田が現役引退と共にメディアで敬称付になった時に、もし中田の読みがナカタでなくナカダだったなら「氏」はむしろ彼の人生哲学的にいらぬ世話なんじゃあないかと一瞬頭をよぎった人は多いと思う。

同じように、新庄に敬称が付いちゃったら山形じゃないか……という以前に、白を通り越して青の世界に入っている彼の歯の行方が心配になってしまうのは、偶然にも僕が新庄市、もとい新庄氏と同じ誕生日だからだ。ちなみに佐藤琢磨も歳は違えど同じ日に生まれている。彼とは以前乗っていた愛車もホンダビートとお揃いだ。向こう的には迷惑だろうがこっち的には労せず得した気分である。

そんな偶然が実は馴染みの寿司屋にもあって、これまた同じ誕生日の大将がくるくると頼んだ鉄火を巻きながら僕に話しかけてきた。

「今度免許の更新に行くんだけどさ、なんか暗証番号を用意してこいって手紙に書いてあるんだよね」

えっ、暗証番号？

そういえば去年くらい、免許証にＩＣチップ入れるようなことを検討中ってニュースでやってたけど、それと関係あんのかな……。

なんて話をしながらひとしきり飲んだくれた翌日、警視庁の免許手続き案内のホームページを開くと、しっかり1月4日からそういうことになりました的な告知がなされていた。ちなみに今月からそれが試験的に導入されているのは1都4県で、再来年には全国展開させる予定なのだという。

免許証をICカード化することになった決定打は、そこらのパソコン一式で見破りにくい偽造免許証が出来るようになり、銀行口座や携帯電話の架空名義契約にそれが身分証明として使われるようになっちゃったから……ということのようだ。要するに振り込め詐欺の嫁入り道具みたいなものを根絶やしにするという狙いがあるのだろう。

こういう話になると、やれICチップと読み取りシステムの利権や悪用が云々……となりがちだが、大勢にしてみれば他人が自分になりすますための要件が各戸に転がっているという現実の方がよほどシリアスだったりするから、免許交付料にICチップぶんの450円を余計に払っても、それは安心代と考える人が多いんじゃあないかと思う。

むしろ僕にしてみれば、今後免許を持つにあたって2つの暗証番号を記憶しなければならないことの方が面倒くさい。1つは免許の基本情報、1つは顔写真と本籍情報をICチップ内から引き出すためのそれを、呑気に生まれ年と誕生日なんかに設定しようもんなら、それこそ元の木阿弥だ。

ネットに接続するくらいならまだしも、手前の金を下ろすためにも、会社や家に入るためにも、しまいにはクルマひとつ転がすためにもと、いくつもの暗証番号をなるべく忘れないように背負い続ける。我ながら切ない生き様だなぁと思う。

085

パンツ一丁で時速200km

この年末、ひょんなことから我が家にプレイステーション3がやってきた。11月の発売初日にはそこらの電気店で配給パニックを引き起こしたかと思えば、当夜にはヤフオクで値をつり上げてバンバン売られていたというアレである。

そんないわくつきのマシンで僕がやることといえばただひとつ、クルマゲームの「グランツーリスモ」しかない。というか、それ以外のゲームソフトのことはあんまりよくわからない。

ゲームといえば先日、電車に乗っているところで、OLの娘さんがDSで漢字の読み書きに没頭しているところに出くわした。その娘さんはどうやらわからない漢字があったらしく、傍らのケータイでそれを探し出してはシコシコとDSに書き込んでいる。

こういう、我を見失った本末転倒な姿というのは他人にはみられたくないものだが、家でやるゲームにはその心配もない。大晦日をガキの使い特番の「ヌクミズです」で締めてから、お笑いウルトラクイズの始まる元日夜まで、久し振りにテレビに張り付いてグランツーリスモをぶっ通しでやり込んだ。暖房をバンバン焚いてカールのチーズ味を傍らに抱えつつ、パンツ一丁で迎える200km／h超の初春。そういう壮絶なだらしなさにまったく気兼ねがない……というか、むしろ何が何でもそうしたい衝動に駆られるのが、夏休みとはひと味違う正月休みの不思議なところでもある。

PS3に対応したグランツーリスモの最新ソフト「GTHD」は現在、本体とネット環境があればもれなく無料でダウンロード出来ることになっている。コースが1種類に車両は10種類とさすがに具の量はショボいが、それでも寝る間も惜しめるほど没頭出来たのは他でもない、新しいそれが一段ととんでもないところにいっちゃってるからだ。

タダ撒きのソフトだというのに最新のフェラーリまで収まり、それをブン回して心おきなくドリフト失敗に持ち込めるというゴージャスさもさることながら、GTHDはとにかくグラフィックが凄まじい。もはや実写を超えたんじゃないかというほどの鮮明さは画面と現実を混同させてしまうらしく、ゆうたろうばりに茶色い酒をくゆらせながらプレイしていると、ふと自分が本当に飲酒運転しちゃってるんじゃないかと錯覚してしまう時もある。

グランツーリスモはゲームというよりは完璧なシミュレーターを目指している——と、以前このゲームを作った人から聞いたことがあった。いやぁ壮大ですなぁと思えたその何年か前の話が、PS3という家電を介してお茶の間に大股で立ち入っている。その現実に対してあまりに立ち後れた自分の正月に焦ったからだろう。僕は2日からズボンをはいて机に座り、パソコンの電源を入れてしまった。これじゃあPS3に襟を正されたようなもんである。

086

フォルクスワーゲンの飛び道具

ＶＷから「次世代の環境技術満載のクルマ、乗りに来ね？」と誘ってもらったので、ホテホテと外国に足を運んだのは去年の暮れも押し迫った頃だった。

こういった開発途中の先進モノを我々のような有象無象に触らせるということは、通常はさほどあることではない。それをわざわざナンバー取って公道で乗せてくれるという大盤振る舞いの裏には、ウチらこれだけの環境技術を並行して研究してるからポスト化石燃料時代もバッチリですぜという、アピール的な意味合いもあったのだと思う。

現場に行くと見慣れたＶＷのクルマがズラズラ並んでいた。絵的には地味だが、中には１００％植物性のバイオ燃料に超クリーンディーゼル、燃料電池にハイブリッドにと、バリバリの次世代技術が積まれている。

取っ替え引っ替え勝手に街中走ってええよという、これまたユルい縛りの中でそれぞれのクルマに乗った印象は、過不足なく動くねという程度の未成熟なものから、これ明日売ってもイケるよという完成度の高いものまで様々だった。

中でも興味深かったのが巨大な商用バンを１・４ℓエンジンで動かすというデモカーだ。ハイエースより一回りは大きく、重量は２・２ｔもあるという図体をヴィッツ＋αくらいの排気量で走らせるという話で、普通ならエンジンをひっちゃきにブン回してやっとこさ動くという事態である。

それが低回転からキビキビと実によく走る。助手席で狐が僕のことを摘んでいるんじゃあないかというくらい、嘘のように元気がいい。が、そのバンの中で僕を摘んでいたのは狐ではなく、ターボ＋スーパーチャージャーという2つの過給器だった。どちらも小排気量エンジンでも大パワーを得られるということで、物騒なスポーツカーに好んで使われてきたものである。

しかしそのバンに積まれていたエンジンは、そのきな臭い飛び道具2丁を平和的な目的で使っていた。小排気量ゆえの燃費の良さを極力活かしつつ、2つを上手く使いこなして必要充分なだけの力を上乗せし、2ℓ超級の走りを導くというのがその目論見だ。システムの複雑さや制御の難しさはあるものの、VWはそれを克服したということをわざわざ無理目な車体に積んでびっくりさせることで知らしめたかったのだろう。

TSIと呼ばれるそのエンジンと同じものが、この春からゴルフに搭載されて上陸する。排気量とグレード感が比例する日本の価値観にあって、一番売れている輸入車の主力グレードに敢えてそれを積んできたというバクチっぷりも興味深い。しかも今後はバリエーションを増やす予定だというから、VWとしては一発芸ではなく、現状で環境と性能を両立する主力技術と位置づけているのだろう。堅実なイメージの強いVWユーザーがどう反応するのか、ちょっと楽しみだ。

087

日本にフェアレディあり！

久し振りにフェアレディZに乗った。日本車としてはもっとも長い歴史を持つそのスポーツカーは、先月施されたマイナーチェンジでエンジンが刷新され、その出力はいよいよ300psをオーバーしたという。

そんなもんで日産も心おきなくブッ飛ばしてもらおうと思ったのか、試乗に用意された場所はあろうことか筑波サーキットだった。

腕っこきのレーサー諸氏に囲まれてのサーキット試乗にはあんまりいい想い出がない。素人風情が呑気にスピンなんかかまして、血闘値の高い走り職人の皆さんにご迷惑を掛けることなどもってのほか——というプレッシャーにお腹がやられ、帰りの常磐道は守谷SAで思わず便所に駆け込んでしまう。ちなみにランエボの試乗会の時にはとんでもない横Gの連発に守谷までもお腹がもたず、筑波の便所で立てなくなったこともある。あの時ほどコースを走る改造車の爆音が有り難かったことはない。

3・5ℓの6気筒エンジンを7500rpmまで回して313ps。昨年登場のスカイラインにも積まれた日産の新世代エンジンは、その額面をみれば3・6ℓ・6気筒のポルシェ911カレラにも殴りかからんばかりだ。車重もさほど変わらないとなれば、もしかしてZはポルシェ様同然の速さを300万円台で手に入れてしまったわけ？　と、もやもや妄想が膨らむ。

なんとか自分の試乗枠を粗相なく終えたものの、同行の編集者が僕のラップタイムなんぞ控えているはずもなく、レーサー諸氏がどの位の時間で走っているかをこっそり訊ねてみた。

「手動計測だけど、7秒台出てるらしいっスよ」

筑波サーキットを1分7秒台で走れる能力というのは、ポルシェに当てはめればまさに911カレラの辺りということになる。フェアレディと名乗った初代から数えて47年。ああ、Zもとうとう鉄火場でポルシェに肩を並べるに至ったか……。人様の残したタイムをアテに感慨にふける。

02年に発売された現行のZはここに辿り着くまでの5年近く、品物をちまちまと煮詰めていく作業を怠らなかった。初期型と現行型ではエンジン以外の様々な箇所も改善され、別モノのように洗練された乗り味のクルマに成長している。

短いスパンで矢継ぎ早に新車を出しまくる日本の自動車メーカーにとって、大して見栄えも変わらないブツに手間と金を未練がましく注ぎ続けることは効率的によろしくない話だ。

が、Zはそれを良しとしないことで、きな臭いスポーツカーの世界で第一線に居続けている。一方で毎日乗れる快適性とお求めやすい値札には揺るぎがない。帰りの常磐道で珍しく便所が素通り出来たのは、その運転の気安さで緊張が幾分和らいでいたからだろう。まさに継続は力なり。受験生に贈るにはちょっと間の悪い話だけど。

088

道路封鎖2007

日曜日の朝、東京の街中をクルマで走るのは気持ちがいい。いつもとは違うしんと沈んだ空気の中で、信じられないくらい伸び伸びと使える道をだらりと流していると、普段は目に入らない景色に気づいたりして東京も捨てたもんじゃあないいなと思う。

その東京の、ど真ん中をズコーンとブチ抜くマラソンが18日の日曜日に行われる。

「東京マラソン2007」と題されたそれは3万人規模の参加人数を想定しているという、アジア最大規模の市民参加型シティマラソンになるらしい。

都知事肝煎りの都心ブチ抜き――といえば石原繋がりで思い出すのは、またしても裕ちゃんネタで申し訳ないが「西部警察パート1」の初回と第二回に放映された「無防備都市」だろう。

丸の内から銀座四丁目、国会議事堂前と錚々たる場所で両車線を封鎖して、装甲車を練り回しては火器はブッ放つわクルマを踏み潰すわと、それはもうジャイアンにバイアグラを与えたかのような暴君ぶり。爆音が皇居にまで届きそうな場所で、実際にそんなロケが25年前に出来ちゃったわけである。なにかと豪腕奮ったイベント好きな辺り、兄弟の血は争えないということだろうか。

しかし3万人規模の市民マラソンということになると、道路の封鎖時間ってハンパじゃなくね？とオフィシャルのHPを開いてみたところ、そこにはコース繰りと各ルートの閉鎖時間が詳細に掲載されていた。

新宿都庁前を午前9時～9時半にかけてスタートした一団は、日比谷～銀座を軸に品川方面と浅草方面を往復し、築地から晴海方面を通ってお台場の東京ビッグサイトにゴールする。つまり×を一筆書きで描くようなコースで42・195㎞を走るという算段だ。外国人にも知名度の高い主要な観光地を押さえてある辺りが、今までの都心でのマラソンコースとは趣が違う。ちなみにゴールには7時間以内に到着しなければNGとされ、午後4時40分までには全ての交通規制は解除される予定だ。

……という場合、一般の買い物客等が多く訪れる午後以降に市民ランナーの一団が重なりそうなのは、銀座から浅草に掛けての一帯になる。晴海・中央・新大橋通りといった近辺の主要道路は軒並み閉鎖され、その時間も概ね午前9時過ぎから午後3時過ぎまでとかなり長い。素の日曜日でも割とクルマが渋滞するエリアゆえ、ここらが軽度のパニックに陥ることは免れないんじゃあないだろうか。

つまるところ18日、東京都心にクルマで絶対に近寄んなと。主催者やお巡りさんの腹の内はそういうことだろう。個人的には家でテレビでもつけてメタボ腹にピザでもお見舞いしつつ、マラソンといえば郷ひろみとか長谷川理恵とか丸山弁護士とか走ってねえのかなぁ……と画面にツッコミでも入れてみようと思う。

089

クルマの「絶対領域」

ご存じの方もいると思うが、メイド喫茶などで働く娘さんたちの、膝上まで履かれたソックスとミニスカートの間から覗く生モモの一帯を指して好事家たちは「絶対領域」と呼ぶらしい。

僕はその趣味がないからよくわからないけど、その言葉の「絶対」というところに、生モモの露出寸に対する彼らの譲れない想いを感じ取ることは出来る。

……と、そうやって傍観をきめていた僕にも、ひょんなことから心のスイッチが入る時が訪れた。

その日、北海道からの出張帰りのボーイング777は、三連休&雪祭りの関係なのかド満席で、僕が割り振られたのは47のDという、辿り着いてみれば最後列しかも便所至近というやるせないシートだった。

やることもなく機内で爆睡を決め、どうやら到着という際に、どれ非常口の小さな窓越しに夜景でも覗くかと横を向くと、目に飛び込んできたのは着陸に備えて席に座ったCAのお姉さんの美しいおみ足だ。

普段はそんなことを想像したこともなかった。CAの制服のスカート丈が、腰掛けるとこんな事態になってしまうとは……。

それはただ、まっしぐらに短けりゃあいいというものではない。平時はやや長めに過ぎる無粋な設定でありながら、ひょんなことで意外な一面を覗かせる。その差益に男は弱い。しかもストッキングはダメ押しの黒。誰がなんといおうと、ストッキングは黒に限る。

手を伸ばせば届きそうな東京の夜景。そして届かないとわかっていながらも傍らの太モモ。ああ47D。こんなところに僕の絶対領域があろうとは……。

ではクルマ好きにとっての絶対領域はどこかといえば、各車輪の上縁と、それを囲むように回るフェンダーアーチという部位との間にある隙間——ということになるだろう。

多くのクルマの場合、タイヤが走行中の衝撃を受けてボディ側に引っ込む動きを妨げないためにその隙間は余裕をもって設けられている。しかしクルマ好きからしてみれば、これが大きすぎることは見た目的に腰高で踏ん張り感がなく、カッコ悪いとされるわけだ。

クルマ好きがタイヤやホイール、サスペンションといった部品をやたらと交換したがるのは、この隙間を自分好みの絶対領域に近づけるためでもある。車体とピタッと一体化したお見事なそれは、クルマ好きの間では面一になぞらえて「ツライチ」と呼ばれたりもする。

もし深夜のファミレスの駐車場等で改造車のタイヤとフェンダーアーチの隙間に指を突っ込んで「俺の1本しか入らないし」などと戯れている若者たちがいれば、それは彼らが自らの絶対領域を指幅で計測しながらアツい議論を繰り広げている最中なのだろう。皆様においては屁の足しにもならない話だが、クルマ好きにとってそれは譲れない若気の至りでもある。

090

「暖機運転」した方がよか

うちのＲＸ－７は、そもそも発熱量の大きなロータリーエンジンにターボまでくっついて狭いエンジンルームに押し込まれているものだから、夏場なんかは近寄りたくないくらいに熱気を発する。満員電車のラグビー部のようなクルマだ。

エンジンの発する熱というのはクルマの寿命に少ないながらも影響する。エンジンルームの中で大量に使われているゴムや樹脂の部品に、その熱がじわじわとダメージを与え劣化を加速させるわけだ。ゴツいクルマに乗っている僕の知人などは、ガレージに戻るとボンネットをガバッと開け放ち、出来るだけ早く熱を抜くようにしているという。

まあそれは虎の子をシャッター付にしまっている相当イッてしまった人の話だし、ご近所からは「あそこん家のクルマはいっつも壊れとるばい」とも言われかねないので、普通の人にお勧めするネタではない。たとえば街中の渋滞ばかりを通って家に戻るようなクルマの使い方の場合、車庫に入れる直前に空いてる道を１㎞くらい流して走行風をエンジンルームに入れてやるとか、そういう気遣いだけでも長い目で見れば劣化防止の効果はあると思う。

それ繋がりでいえば、渋滞にズルズルとハマった後に、前がパッと開けるとついアクセルをバーンと全開にしてしまいたくなるものだが、あれはエンジン本体に与えるダメージが意外と大きいものだ。熱くなりすぎて内部の金属部品が膨張しているだけでなく、エンジン内部の冷却を果たすオイルも高温でサラサラになってしまっているところにきて、全開をかますとエンジンにとっては想定以上に過酷な負荷が掛かることになる。気持ちはわかるがクルマを大事にするのなら慎んだ方がいい行為だ。

かといって、エンジンを掛けて熱くならないうちにアクセルをバンバン踏むのがいいかといえばそれもまた違う。冷たければ冷たいでエンジン内部の金属部品は収縮して隙間が大きい状態だから、そこにガツンと大きな負荷を掛けると今度はその隙間で部品が揺すられてしまい、劣化を招く一因となってしまう。また、オイルが回りきっていない状態で金属部品同士が擦れ合うこともエンジンにとってはよろしくない話だ。

とはいえ現在、充分な暖機運転は環境問題の見地から自動車メーカーでは推奨していない。クルマは大事にしたいけど暖機はするなじゃあ、一体どうすればいいの？　ということになる。

たとえば僕の場合、エンジンを掛けてすぐに走り出す代わりに、10分くらいはアクセルを大きく踏み込むことなく、周囲の迷惑にならない程度に出来るだけゆっくりと走ることで暖機運転の代わりとしている。これでエンジンだけでなく、ミッションや車軸といった動きモノもまんべんなく暖まりと、朝イチのクルマと人のストレッチとしてはちょうどいい案配だと思う。

091

地球が走ってる⁉

ご存じの方もいるだろうが、今シーズンのホンダＦ１のカラーリングが先日、チームのお膝元であるイギリスでお披露目となった。

……これってグーグル・ホンダってこと？

Ｆ１マシンのカラーリングはチームをスポンサードする企業の意向に沿って決められるというのが通例で、たとえばタバコや飲料といった冠スポンサーのロゴやパッケージ色がバーンと全面に使われることが多い。ホンダも昨シーズンまではタバコ会社と契約していたが、そこんちがスポンサーを降りたこともあって、今シーズンの冠スポンサー＝カラーリングが注目されていたわけだ。

しかしこれが一向にお披露目される気配がない。シーズン開幕の３週間前までカラーリングを発表しないのは異例中の異例ということもあり、そこまで引っ張る理由はなによ？　と周囲の関心が注がれていた。グーグルアースを全身に纏ったラッピングバスのようなそのカラーリングをみてそう思ったのは、実際に彼らもスポンサー候補として予想されていたからだ。

これじゃあスピンしたらグルグル・ホンダじゃん。おっさんツッコミまで用意してワクワクしたのはどうやら早計だった。

今年のホンダＦ１には冠らしきスポンサーがない。十以上になる協賛企業は名前の類を一切車体に載せることなく、各々の広告活動にホンダＦ１の絵ヅラを使用する権利を対価とするという。オリンピックの協賛企業は広告に五輪印を使えまっせみたいな仕組みを、ホンダはＦ１に持ち込もうというわけだ。

こうなった事情のひとつは、Ｆ１が巨大なスポンサーを獲りにくくなっているという現実も関係しているのだろう。最大のお得意様だったタバコ産業は広告活動が規制され、ヨーロッパのサーキットなどではその銘柄名を出すことも禁じられている。年間という帯で車体を自らのカラーリングに染め上げる意味が薄れたこともあって、チームに払われるスポンサー料は３〜４０００万ドルともいわれたピーク時の半分にまで落ち込んでいるという。

だとすれば、スポンサー料を多くの企業でワリカンにして、Ｆ１マシンをキャラクターに置き換えて使ってもらう方策もとれるんじゃないか——と考えるのは不思議な話ではない。そのキャラクターの性格を「環境」に設定し、見た目を「地球」にすると。ちなみにこの仕掛けの裏では、ベッカム夫妻のマネージメントを仕切る手練れの英国人プロデューサーが動いているという噂も囁かれている。

こういう大胆な戦略に臆せず打って出られるところはいかにもホンダらしい。が、なんせ使ってしまったのは地球だ。これ以上ないほど大きく出てしまっては負けづらいわ辞めづらいわ……と心配しても仕方がないので、いつもより余計に応援してみようかと思う。

MINI＝黒船

092

4月には就職や進学を迎えるこの春休み。いい機会だし、どれあそこの美容外科でも足を運んでみるかと企んでいる婦女子の方もいらっしゃるかもしれない。

そんな今日この頃に、新しいミニが日本でもデビューした。……とはいえ、近所の販売店を通り過ぎても、それに気づく人は少ないだろう。ショールームにはいつものようにいつものミニが収められていると。そう勘違いさせるようなフルモデルチェンジをこのクルマはあえて施したわけだ。駅でバッタリ旧友に会って「あれ、二重だっけ?」と聞かれても「寝不足で〜」でごまかせる。その程度の些細なプチ整形である。

ミニはなぜそこまで変わらなかったのか。本社の偉い人は「従来のユーザーや潜在カスタマーはデザインに対して非常に満足度が高く、出来るだけ変えないで欲しいと望んでいる」と答えている。もちろん表向きはそんな話だろうが、ミニの商売が従来とはかなり違った類の動向を示している、その手応えがそうさせたのも間違いない話だ。

40年以上に亘って親しまれたオリジナルのミニは00年で生産を終え、01年に発表されたミニは第二世代としてBMWの傘下からデビューした。オリジナルのデザインを引き継ぎながらサイズを拡大し、中身をまったく今日的に刷新したそれは、年を追うごとに商圏を広げ、販売を伸ばし続けてきたという。つまり、ミニには新車効果が存在しなかったわけだ。それは日本でも同様で、気づけばミニは今やゴルフ、3シリーズに次いで日本で3番目に売れている輸入車となっている。

小さいながらも安くはないミニには、更にボンネットにストライプを入れたり内装の装飾パネルを換えたりという豊富なオプションが用意されていて、日本のユーザーにもそれらは好評なのらしい。つまり今、街を走るミニには２５０～３００万くらいのお金が喜んで払われているというわけだ。そのサイズにしてこの客単価で年間1万台以上の売り上げと。ヴィッツ辺りで１１０万円の攻防を繰り広げる日本のクルマ屋さんからしてみると、それはもうリア・ディゾンどころではない黒船ぶりである。

ミニのマーケティングはアップルのように巧みで、多少余計な金を払っても所有に歓びを感じさせるネタに事欠かない。こざといと思ってもつい荷担してしまうのは、ミニという普遍的に威嚇のない物体がそれを纏っているからだろう。そういう意味でも新型は、そのまんまに越したことはなかったのかもしれない。

そんなこんなの一方で新型ミニは、クルマ好きにとっては懸案だった中身がＢＭＷテクノロジー全部盛りの勢いで劇的に進化している。これでまた、しばし確変継続というわけか。もしかして団塊リタイア組もカッさらいなんて考えてね？　と、そのデザインの再雇用には色々と考えさせられる。

093

カーナビ戦争の予感⁉

僕のルポには取材であちこち行く用にカーナビをつけてあるのだが、毎日音色ひとつ変えずに右だ左だ斜めだと案内してくれるコンピューター女は一体どんな風体をしているのだろうと、ふと考えることがある。

この、コンピューター女の声というのはメーカーによって違っていて、さすがにこんな仕事をしているとトヨタと日産の純正装着ナビの違いくらいは意識せずとも判別できるようになってしまった。

仮にトヨタを電装あや子で日産を日立洋子だとすれば、あや子は銀座、洋子は六本木のチーママ程度に音色の差はあったりする。洋子が毛が長いチワワと住んでるのは多分三軒茶屋くんだりだろう。対して着付けのひとつも出来そうなあや子の方は門前仲町2LDKといったところだろうか。そういう妄想を膨らませながら指示に逆らって裏道を走り続け、コンピューター女を惑わせる。男としてはそう悪くはないひとときだ。

ところが僕のパイオニア製のナビは現在地のロストが少なくて、そこに住むコンピューター女の指示も淡々と的確だったりする。こうなると相手をする側としてはあんまり面白くない。滝川クリステルが左右云々を斜め方向から囁いてくれる滝ナビとか、曲がりどころを間違えると中田有紀が容赦なくなじり飛ばしてくれるドSナビとか、そんなのがあったら買い換えてもいいかなぁと思う。

買い換えといえば、カーナビ市場にとって最大の商機は、ゴールデンウイークや夏休みなどでドライブの機会が増える4月~7月辺りといわれている。今年はそこに向けて各メーカーがGPSアンテナを本体に内蔵した超小型・軽量のポータブルナビをリリースしており、ナビ販売の台風の目になりそうな勢いだ。

大手ではサンヨーやクラリオン、ソニーが販売を始めたこのテのナビの特徴は、ディスク的な記憶媒体を使わないため持ち運びが簡単で、取り付けや載せ替えが誰にでも出来るというところにある。その多くは前窓に吸盤で本体とステーを固定し、シガーライターに配線を突っ込むだけという手軽さだ。中には充電式バッテリーを内蔵して配線の手間すら省いたモデルや、貼り付け式のステーを使うことなく本体をダッシュボードに装着できるモデル、ワンセグチューナーを内蔵したモデルなどもある。

通常のカーナビの装着は専門店で3~4時間の作業と2万円以上の工賃が掛かることが多く、それがごっそり端折れるのもこのテのナビの利点のひとつだ。反面、機能は至ってシンプルで、評判の夜景スポットとか最寄りのラブホテルなんて差し迫った検索は出来ないが、そんな機能は悲しいかな僕も使った例しがない。何台もクルマがあるようなお宅で1台を使い回すなんて用途ならば、娘さんに貸し与えても安心できるドンズバのナビだと思う。

094

ベンツ様のアンチエイジング

下北沢の駅からウチまでの徒歩約9分という道すがらの間に、メルセデスベンツのCクラスが5台停まっている。しかも全部がひょうたん目の現行型だ。日々やたらと見掛ける気がしていたのだが、先日飲んだくれた帰りにふと数えてみて、なるほどそんなことだったのかと納得した。

以前週刊誌で見掛けたデータを思い出してネットで検索してみたら「東京23区の各人口当りベンツ保有率」なる数字で、世田谷区は6位に入っていた。その数、1万人当り200台余。つまり人口85万人と仮定すれば1万7000台のベンツ様が世田谷にお住まい――という話だ。そりゃあ9分も歩けば5台のベンツにあたるくらいはワケもない。

ひとくちにベンツといっても今や4ドア系だけで12車種ものラインナップを展開する巨大メーカーだが、商売的にも技術的にも、そして彼ら自身のプライド的にも中核を成しているのは、後輪駆動プラットフォームを持つC・E・Sクラスである。BMWでいえば3・5・7シリーズ、レクサスでいえばIS・GS・LSと、ライバルたちはここを切り崩さんとメルセデスのそれをトレースしたラインナップを揃えているわけだ。

その中で現在、苦戦を強いられているのはCクラスである。E・Sクラスの客筋とは違い、移ろい激しいこのご時世、守旧的なだけでは票数を伸ばせない。実際、欧州でもCクラスのユーザーの平均年齢は3シリーズのそれを大きく上回り、販売的にも後塵を拝している。彼らにとってはCクラスのアンチエイジングが急務とされていたことは想像に難くない――というわけで、この夏に日本導入が予定されている新型Cクラスは、若返りのために2つの大技を繰り出してきた。

ひとつは今までSLやCLといったクーペ系のモデルにしか着用を許さなかったスポーツグリルをエントリーセダンであるCクラスに与えたことだ。鼻の真ん中に巨大な三つ星マークがドカンと据わるそれは、新しいCクラスが3シリーズばりに山道サクサク走りまっせという暗示でもある。

それを支えるもうひとつの大技が、アジリティ＝敏捷性というコンセプトに沿って刷新された車体のセッティングだ。ステアリングを少し切るだけで敏感に曲がりたがる……といえば、旧来のメルセデスはどちらかといえば否定的だった芸風だが、新しいCクラスは懐の深いシャシーを得て、掟破りに挑んでいる。もはやEクラス超えちゃったよという強烈な乗り心地の良さもついでに携えて。

真っ直ぐをドーンといくことにかけては絶対の自信をもっていたメルセデスが、抗齢への回答を曲がりに見いだしたという意外性も含めて、新しいCクラスの動向がそれを好物とする世田谷区民にどう映るのか。こちらとしても飲んだくれ帰りの徘徊に気合いを入れて臨む所存である。押忍。

095

営業マン最速伝説

超大型台風の日本横断はもうド鉄板！　今日は悪いこと言わないから家でじっとしときなさい！　なんて、朝っぱらからビニールカッパを着せられたお姉さんがテレビで絶叫している時でも、男には黙して出掛けなければならない時がある。

あれは去年の夏だっただろうか。東名も名神も通行止め区間続出というお手上げな天気の中、僕は迫り来る大型台風を出迎えるように、東京～三重～長野の1000㎞を1日で走らなければならなかった。伴うクルマはポルシェ911の、しかもオープンカーだ。文字通りバケツをひっくり返したような暴風雨の中、通行止めを迂回するトラックや営業車のド渋滞にあってひとり神輿を担いでいるようなその違和感。空気を読めない男に対する周囲の視線は本当に痛かった。

制限速度を下回りそうな勢いでそおーっと土砂降りを走るひとり神輿。そんなこっちのノータリンな行状に目もくれず右側をスッ飛んでいくのは営業マンの乗った4ナンバーのバンだ。このテのクルマの高速道路での飛ばしっぷりはハンパではない。夜だろうが雨だろうがお構いなしでスポーツカーに乗った生半可な男などやすやすとブッちぎってしまう。そりゃあ飛ばすことを肯定するつもりはないが、きっと彼らも雪が降ろうが槍が飛ぼうが、決められた時間内に然るべき場所に行かなければならないという重いタスクを背負っているのだろう。

荷物だけでなく、そういう各種の悲哀を載せて今日も各地をひた走る4ナンバーバンの中で、最強銘柄はトヨタの「プロボックス」だろうと個人的には思っていた。積むことに特化しまくったボディ形状然り、営業マンの長時間労働を支える絶品のヘッドレスト一体型シート然り、軽量にしつらえられた車体は運動性能も望外に高く、発売当初は本気で買おうかとディーラーに行ったくらいである。

が、そこに満を持して昨年末、日産が送り込んできたのが「AD」だ。見た目は居抜きのウイングロードみたいなクルマだが、後ろの床やリアサスを作り直すなどして荷室の幅や高さをプロボックスよりもたった5㎜だが大きく仕立ててある。そしてカタログ燃費も1・5ℓ同士で比べればプロボックスよりほんの0・2㎞／ℓだがADが上回った。その上で、助手席を前に倒せばそこにパソコンが置けるテーブルが現れたり、センターコンソールには得意先の注文も走り書き出来る小さなホワイトボードが仕込まれたりと「すてきな奥さん」ばりに涙ぐましいアイデア装備も満載だ。

ほとんど計測誤差か写真判定のようなこのつばぜり合い。運転する方も真剣ならそれを作る自動車メーカーも大マジだ。こちとら仕事とはいえ、人様のトッポいクルマでヘラヘラと平日の高速道路を走る僕はその男たちの背中をみて、いつもかたじけない気分になる。

096

センチュリー・電信柱の法則

先日、出張帰りのその足で空港から直接撮影に向かわなければならない事態になった。野暮なスケジュールを不憫に思ったのか、編集担当の人が成田にタクシーを回してくれるという。

ホクホクしながら到着ロビーに降りた僕を待っていたのは、黒塗りのセンチュリーだった。自分の身の丈と今後の業務内容を考えると大袈裟に過ぎるそのクルマに一瞬はドン引いたものの、聞けばたまたまこのクルマしか空きがなく……という状況だったらしい。

トヨタ唯一、というか日本車唯一のV型12気筒を積むセンチュリーは持ち主が「乗せられる」ことを設計前提とした世界でも数少ないクルマだ。後席のドアサッシは座った乗員の顔が肖像画のように映るよう、額縁をイメージしたデザインになっているという。そのサッシを始めとした金属部品や内装のウッドパネル、ボディの塗装といった加飾モノの質感は仏壇どころではない。ついでに言えば積まれた12気筒は万一のトラブルの際、6気筒分をシャットダウンして残りの6気筒でも走行が続けられるように完全2系統の制御システムが搭載されている。御料車のベースとなることも恐らくは前提として作られただろう、日本が誇るロイヤルスペックだ。

そんなクルマの後ろに乗せてもらえることなど滅多にあるもんじゃあない。この姿を親父にみせて怒りを煽るのも一興だ。「ごめん今俺センチュリー中」と九州に写メでもしようと思ったが、実家に写メを受け取る機能が存在しないことに気づいて渋々断念した。

しかし見切りはいい類とはいえ、こんな大きなクルマを毎日街中で取り回すのも大変だよなあと思い、運転手さんにその辺どうよ？　と尋ねてみる。

「確かに都心だと入れないところもありますよね。大体ここは行ける道かなって、我々の場合は電柱で目安をつけるんですよ。ほら、あれなんかはＯＫな電柱」

運転手さんが指した電柱は、住宅街ではちょっと太めかなというサイズのものだった。聞けばその電柱が据えられているところは設置のために２ｔトラックが出入りをした証拠であり、であればセンチュリーでも立ち往生しないだろうという読みを立てるらしい。

なるほど理に適っているものの、じゃあその電柱をどうやって見分けるのか。翌日、センチュリーが苦悶しそうな近所の狭い道を歩いて回って電柱を眺めまくっていたところ、ひとつの法則に気がついた。件のちょい太め電柱の多くは上の方に大きめの変圧器がついているというものだ。

もしかするとこれは、狭道に悩まされる全国のドライバーにとっての福音なのではないか。早速愛車を引っ張り出して試したが、ウチのチンケな子たちではどうにも検証のしようがない。やっぱりクルマは小さい軽いに限るなぁと本末転倒なオチに至る次第である。

097

インプレッサという幸福

その日、小田急線の鈍行に乗って僕が降り立ったのは新宿駅の西口だった。しょんべん横町をぐだぐだハシゴして岐阜屋のタンメンで〆る。そんな自堕落をさらけ出せる馴染みのだらしない街。しかしその日はそれらに目もくれず、眉間に皴を寄せて地下街をまっしぐらに通り抜けた。

向かった先は富士重工本社。そう、ここで僕はとあるクルマと最後の水杯を交わす。手続きを済ませて地下の駐車場に降りるとその奥隅に、ぼんやりと蛍光灯に照らされたぽんかん色のそれは身を潜めていた。

4月アタマにニューヨークで行われたモーターショーで、7年ぶりにお披露目された新型インプレッサ。すなわち日本を含む全世界でのデビューも秒読みとなるだろうそれは、5ドアハッチバックが販売の主軸になると目されている。VWゴルフを番長とする、ヨーロッパで最も台数の捌けるカテゴリーにガチンコで勝負を挑むというのがスバルの目論見なのだろう。

泥のF1にも等しいWRCラリーを闘い続けているインプレッサは、気づけば果たし合いのクルマとして認知され、真っ青の武闘派グレードばかりがもてはやされている。一方で普通の人が普通に使って幸せな並グレードの存在感がすっかり薄くなってしまった。

スバルとしては工場をブン回して台数を稼ぐためには、なんとしても売らなければいけないのは後者の方だ。この偏ったイメージをいったんチャラにして健康な状態を取り戻すことは、ガラリと趣を変える新しいインプレッサに課せられた最大の使命かもしれない。

ともあれ、現行のインプレッサともそろそろお別れの時である。ぽんかん色のそれはRA－Rという限定車で、コンマ1秒を削る走りのためにトランクの内張りも取っ払って軽量化したという、計量前に陰毛まで剃ったボクサーのようなモデルだ。約430万円といえばベンツの新車も余裕で買える値段だが、発売2ヶ月でちゃっちゃと300台を完売したという。やはりスバルのお客さんは濃ゆい人が多いなあと感心する。

プレハブに住まわされたようなやかましさと自転車のような乗り心地。普通に走っていてもまるでいいことのないこの限定車は、アクセルを踏んづけた途端、室伏にぶん投げられたハンマーのような加速を披露する。慌ててブレーキを踏んだ時の制動力は、朝青龍に羽交い締めされているかのようだ。旋回時に掛かるGは先日仕事で乗せられた東京ドームのジェットコースターにそっくりだった。

時にポルシェやフェラーリも撃墜するだろう走りの鬼神。こんなクルマを近所の販売店で普通に買えるなんてどこの星を捜してもない話だ。スーパーで拳銃が買えるような国に生まれなくて良かったと思いつつ、僕は日本のクルマ好きに与えられたそのお値打ちな幸せをしばし噛みしめた。

098

LS600hは夢のカツカレー

4月の半ばに降り立ったフランクフルトの空港は、間違えて香港に来ちゃったんじゃないかと思うほどにムワッと蒸し返していた。

最高気温29度。4月のドイツでこのお天気は、明らかになにかが壊れかけているとしか思えないものだ。

この冬からの異常な暖かさを目の当たりにしたヨーロッパでは、温暖化の犯人としていよいよクルマがやり玉に挙げ始められている。アウトバーンでも他のEU諸国と横並びで、全線130㎞/h規制を敷くべきだという議論もにわかに活発になっているようだ。

スピードを正義として世界の自動車産業を牽引してきた、そんなドイツにホテホテと何をしに行ったのかといえば、なぜか日本の、新型車の試乗だった。

レクサスLS600h。昨年、セルシオの後継として登場したレクサスLSに「h」すなわちハイブリッドシステムが搭載されたクルマだ。5ℓV8エンジンにモーターを組み合わせ、システム合計の出力は445馬力、メルセデスやBMWならば6ℓV12級の動力性能を有するということで「600」と名付けられたそれは、一方で彼らに対して3〜5割ほどもCO_2の排出量を抑えているという。

敵の聖域であるアウトバーンで全開にしたLS600hは、モーターの加勢もあって、まるでタコメーターのように速度計を跳ね上げてあっという間に250㎞/hのリミッターに到達した。が、その馬鹿力以上に驚かされるのは、加速にまつわるショックがほぼ皆無なことだ。この点でいえばライバルを超え、マイバッハやファンタムといった５０００万円級のサルーンとも真っ向勝負できる異様な上質感を備えている。

エンジン&モーターがクーンと鳴り響く中、２００km／hで流れる車窓はさながら俺用新幹線であり、グリーン車よりも快適なクルマ……といっても日本ではそれの使い道はない。そこで１００〜１３０km／h付近での燃費をみると10km／ℓ強といったところだった。ハイブリッドは市街地燃費に滅法強いため、普通の使われ方をされるＬＳ６００ｈは８km／ℓ前後の生涯燃費を記録することになるかと思う。仰せの通り6ℓ級の動力性能を考えれば、その数字は確かに衝撃的だ。

そんな大仰なクルマ乗らんでもカローラやったら普通にCO_2減るんちゃうの？　と頭ではわかっていてもそうは出来ないのがクルマ好きの悲しい性《さが》だ。カレーといえば条件反射でカツをオンしてしまう僕などはなおさらである。いくら食っても太らないカツカレーなんてノーベル級のお話はあり得ないだろうが、燃費3〜5割減で12気筒並の走りと聞けば、そりゃあヨダレもダダ漏れである。ダイエットにおけるカロリーと同じでCO_2を減らすには低燃費以外の近道なしとなれば、ＬＳ６００ｈはメタボに効くご馳走として最善の選択かもしれない。

099

マツダの「おむすび」

29℃のフランクフルトから9℃の東京へ。2泊4日異常気象の旅の土産はイチコロでひいた風邪だった。

風邪といえばとりあえずネギとにんにくだろう。

近所の定食屋でそれ系ばかりをとり続けたものの、一向に直る気配がない。すると鼻タレのしゃがれ声を聞いて不憫に思ったのか、文春の人が焼肉を食いに連れて行ってくれるという。

おいおい、ネギとにんにくのつもりが西麻布で霜降りもついてきちゃったよ。

おかげで翌朝にはボラギノールのCMのように爽やかな目覚めを迎えることが出来た。体は正直よのう……と思いつつも齢四十、いよいよヘタリが始まったかと痛感した次第である。

齢四十といえば今月の30日は、マツダがロータリーエンジンを市販車に初搭載してからちょうど40周年だ。

ピストンを介した上下の爆発運動を回転力に変換してタイヤを動かしているあらかたのクルマに対して、ロータリーエンジンはおむすびのような三角形が回転しながら筒内の三方で爆発運動を繰り返し、それを直接回転力に置き換えることが出来る。つまり変換作業がないぶんエネルギーロスが少なく、大きな出力を得るにしてもエンジン本体が小さく軽く出来るというメリットがある。

反面、ロータリーは構造的に排ガスや燃費の面では不利を抱え、歴史の大半がそれ対策だったという経緯もあった。特に70年代の度重なる石油ショックで「夢のエンジン」とまで称された栄華は一気に萎み、気づけばマツダは先駆者にして孤高という存在になりながら今に至っている。

果たしてロータリーは40歳を祝ってくれるお友達がどのくらいいるのだろうか。自分の車庫に収まったRX－7をみながらそんなことを想う。別にエンジンに惚れてこのクルマを買ったわけではない。でも惚れ込んでいるそのカッコと走りの切れ味が、小さく軽いロータリーなしでは絶対叶えられなかったことも理解している。つまるところ僕は、フォードにもGT－Rにもロータリーのタマは死んでもとらせんけえの――という広島の誇りと意地によろめいてしまったのだろう。

さらしを巻いて鉄火場に殴り込む高倉健をみるような想いで近所のマツダ店でハンコをついた、あれから7年。思えば健さんもロータリーも究極のおひとり様である。しかしその一方は来年、どうやら結婚することになるらしい。既にリース販売している水素燃料ロータリー車を電気モーターとカップリングさせ、水素ハイブリッド車として売り出すことを、井巻社長が先日の会見で明言した。

かつてはコテンパンにやり込められた「環境」という難敵も手込めにして一発逆転のチャンスとする。マツダのロータリーに対する執念はやはりハンパではない。こんな時、四十路のおむすびオーナーは年甲斐もなくシビれっちゃたりする。

100

いくぜ「ダッジ」

死ぬまでに是非クルマで完走してみたい道のひとつに「ルート66」がある。アメリカのど真ん中を東西に結んだ約4000㎞のその道は、アメリカ車が世界の最先端にいた40～60年代に大動脈として栄えていた。が、今やそれは発達したハイウェイ網が取って代わり、幹線の体すらなしていない。以前アリゾナ辺りで寂れた道路に迷い込み、現地の人から「ここ元66や」と聞いた時は、ハンドルを切り損ねてサボテンに突っ込みそうになったほどだ。

ルート66の全盛期といえば僕は未出どころか、親父とお袋が中出しもしていなかった頃だろう。団塊世代はハマったという、この道を舞台にしたTVドラマも実家の方では放映されていなかった。でも、今もそこには僕の好きなアメリカの風景や風俗の断片が細々と残っている。

ドライブインのモーテルを泊まり歩きながら、ドラム缶のようなおばちゃんのやっているダイナーで焦げまくったハンバーガーをかじってみたい。そういうロードムービーまがいのアメリカ旅をやるとすれば、じゃあどんなクルマで走るわけよ——という話はクルマ好きにとって充分にヌキ応えのある妄想だ。アメ車になんかしらの憧憬を抱いてきたオジさんと一緒に仕事をする時は、移動の車中なんかで、そういう他愛もない話で盛り上がる。

ちなみにTVドラマのルート66で主人公が乗っていたのは61年型のシボレーコルベットだった。でもコルベットってえのもベタ過ぎないかね、なんて話しているうちに自ずと挙がるのが「ダッジ」という名前だ。

現在はクライスラーのいちブランドであるダッジは、長い歴史の中で一貫して大衆的なアメリカの自動車文化を支えてきた。洋服に例えるなら今どきの、わざわざ穴を開けておいて客から万札を奪い取るようなお洒落ジーンズではない、ペンキ屋の兄ちゃんがきっちり穿き込んだリーバイスのような土着感のあるそれだ。

そんなダッジのクルマが間もなく日本でも正式販売を開始する。彼らとしてはその赤い看板を、それこそリーバイスやコカ・コーラのような、世代を超えて馴染み深いアメリカの代名詞として広めたいという思惑があるらしい。となれば日本展開は世界戦略の一部であり、恐らく当面の本丸はロシアや中国といった、これからアメリカの文化を憧れをもってガシガシ消費してくれそうな国々だ。その販売価格帯は、同クラスの日本車に対しても競争力のあるものになるという。

自国の政治へのイメージが悪いところにきて、会社への逆風も吹く中でクライスラーが繰り広げる大一番。その場に持ち込んだのが最もアメリカ臭いローカルネームだったという顚末。こちとら半世紀前から道端でクルマ相手にコーラとバーガー売っとんのやという、その満々な自信に裏打ちされた図太さがたまらない。

101

燃費を良くする運転法

一時は落ち着いていたガソリンの値段がまた上がってしまった。高騰理由のひとつはアメリカの、ハイシーズンを迎えての需要増を見込んでのことだという。

あんたらのドライブの都合で勝手にそんなこと見込まんどいてえな。

街中だとリッター5㎞しか走らないRX－7に乗っているとそんな怒りもひときわだ。僕のクルマの場合、ガソリンが10円上がることで、80ℓ近く入る燃料タンクを満タンにする度に700円以上、つまりディナーのカツカレー代相当を余計に払っていることになる。これは由々しき問題だ。

カツカレー級の甚大な被害をせめて牛丼級に抑えたい。家の財布を握るすてきな奥さんとしては、疲れて帰ってくる旦那のために、たまには霜降りのひとつも食卓に並べたいだろう。となれば、走りのテクニックで燃費を少しでも改善させるしかない。

当たり前ながら燃費に効く運転のコツは、一にも二にもアクセルを踏み込む量と回数を減らすことだ。そのためにまずやるべきは毎日走る、家～会社やスーパー間をどういう道筋で結ぶかだろう。日常的に渋滞する最短距離を行くよりも、多少遠回りな発進・停止の少ない道を一定速度で走った方が結果的に燃料消費が少ないというパターンは往々にしてあり得る話だ。

そういう道を見つけたら、次はいかにクルマを一定速度で走らせるかである。そのために一番大事なのは視点を出来るだけ遠くに置くクセをつけることだ。遠くにある歩行者用信号の点滅まで判断できる余裕があれば、赤信号の直前までアクセルを踏んでブレーキで停まるという、燃費にとって最悪のムダを防ぐことが出来る。信号が赤になることを早めに認識し、アクセルを踏まずに惰性で停止線まで走らせるような運転が身に付けば、霜降りへの道は一気に近づくことになる。

省燃費運転での最大の難関は、停止から発進し、巡航に至るまでのアクセル操作だろう。ここで燃費の大半は決まるといっても過言ではない。たとえば発進時はアクセルを多めに踏んで、なるべく速やかに周囲の流れに乗ってからアクセルを緩める。多くの人の運転スタイルはそんな感じだと思う。が、試しにそんな状況で、普段の半分くらいのイメージでアクセルを軽く踏んでみてほしい。速度が乗っていくのを辛抱するように踏み込み量を保ち続ければ、結果的に迷惑を掛けることなく周囲の流れに乗れているはずだ。この、待ちのアクセル操作というのは、昨今の小型車が多く搭載しているCVTミッションには特に効果の高い省燃費走法となる。

僕の経験上、この3点を心がけることで間違いなく1割は燃費が向上する。明日のお買い物の際には騙されたと思って霜降り国産牛に手を伸ばして欲しい。2回の満タンで確実に赤身との差は吸収できるはずだ。

102

セカチューなクルマ

「ワタナベさん、最近なんかハマってるもんとかあったりするんですか」

取材中に話が脱線して、そんなことを聞かれたものだから「んーと、セカチュー」と答えたら「いいタマ投げてきますねー」と編集者に大笑いされた。

いや、本当に今さらながらセカチューにハマっているのだ。やたらと流行っていた時にはなんとなくのあらすじを聞いただけで「そんなガキのションベンみたいな話」と一蹴していたわけだが、こないだから始まった深夜の再放送をたまたま見て以来、がらりと掌を返してしまった。

俺も綾瀬はるかとこんな胸キュンの高校生活繰り広げてみたかったよ……。

人生を振り返って、満たされなかったひとときをなんとか埋め合わせようとする人のエネルギーはかなり執拗なものだ。僕の場合は全然面白くなかった中高生時代にそれが集積しているように思う。

いっそ仕事を畳んで堀越学園に入学すれば青春やり直せるんじゃないか。思い詰めたものの、僕の場合、まずだらしない体を叩き直すためにビリーズブートキャンプに入隊する方が先だろうということで、それは渋々辛抱することにした。

ところで、退職を迎えた団塊世代のお財布というのは、クルマ業界でも売れ行きに確変が生じるのではないかということで激しく期待されている。子供も離れたし、妻と二人でゆっくり旅行でもするかということで、キャンピングカーみたいなところやフェアレディZ的なものが、既によく売れ始めているという話は以前にここで触れた。

しかしその世代にいる人の中には、僕と同じようにもう一度、あだち充やカルピスソーダのような青春を取り戻してみたいという人もいるだろう。かといって妻にセーラー服を被せようにもどうも居住まいが違うし……と、自分の血糖値を棚に上げて悶々としている人もいるかもしれない。

じゃあ回春効果の高いクルマは？　と問われれば、僕は多分小排気量の小型車と答えると思う。1500cc以下くらいの、エンジンをブンブン回さないと前に進んでいかないようなクルマを出来ればマニュアルで乗る。自分も必死ならクルマも必死。そのわざわざ背負う連帯感の中で、クルマに初めて乗った時の視点が無限に広がったような感動が蘇る。奮発した大きな高級車が与えてくれるのは重厚な到達感であって、そこには青春の酸味はない。

先日、道端で老夫婦が乗るダイハツコペンに出逢った。軽唯一となるそのオープンカーは発売から5年が経つも中高年層を中心に人気が高く、販売台数が逆に伸びつつあるという。

ちなみに助手席に乗る奥方とおぼしき人は、首に赤いスカーフを巻いていた。

おお、盛ってるじゃんかバァちゃん。こういう日本をみるのはなかなか気持ちがいいもんである。

103

ヘッドライトが眩しい！

数年前くらいから、対向車のヘッドライトがやけに眩しく映るようになった。眼鏡が合わなくなったかなぁと思い、眼鏡屋に行くも視力に変わりはない。じゃあ目ン玉そのものの問題かなぁと目医者に行けば加齢で片づけられる始末だ。

トシかよ……とがっかりしながらクルマに乗り続けているうち、その眩しさの原因はＨＩＤ式ヘッドライトが急速に普及したせいということに気がついた。

ＨＩＤ式ヘッドライトというのは従来のハロゲン式と違ってフィラメントのようなものがなく、バルブの中に放電することで特殊なガスが発光する仕組みをもっている。小電力でも強い光を放ち、寿命もハロゲン式よりも長い。ここ数年は量産効果でコストが下がってきたこともあり、装着車もみるみる増えてきた。

そのＨＩＤライト自身が強い光を放つところにきて、最近のクルマはデザイン的にヘッドライトのレンズが素通しになっている場合が多いので、状況によっては光がモロにこっちに飛び込んでくる。そのＨＩＤ付対向車が、高い位置にライトのついた四駆だったりするとかなり最悪だ。こちらとしては目線を軽く左側にやって、前方に注意しながらも光源をまともに見ないように努めるしかない。

もしＨＩＤ付対向車の側になりそうな人が心がけるとすれば、光軸を出来るだけ下に向けておくことだろう。大半の車内のステアリング付近には、ヘッドライトの印に0～3くらいまでの番号がついたダイアル式のスイッチがあるはずで、それを回すことによってライト内の光源が上下に動く仕組みになっている。そんなの見当たらないというHID付車の場合は自動で光軸を調整する機能が付いているので心配はない。ちなみに昨年以降発売されたHID付新車には、この光軸オートレベライザーの標準装備が義務づけられた。

これで少しは眩しいクルマも減るかなぁと思っていたところ、新聞にこんなニュースが載っていた。

「夜間の自動車のヘッドライトは上向きで」

と、茨城県警が道路の電光掲示板まで使って全力で呼びかけているという。

上向き＝ハイビーム。点灯時にはメーター内に青いインジケーターが付くあの状態で走りなさいと。ちなみに道交法上も、夜間のヘッドライトはハイビームが基本位置となるという。

恥ずかしながらそんな決まりがあることはまったく知らなかった。確かに危険を早期に発見するという点でハイビームは積極的に使った方がいい。しかし歩行者や対向車に対しては素早くライトを下向きに切り替えないと、大迷惑を掛けてしまうことになる。

だったら、上・下の間に「中」なんてポジションがありゃあええんちゃう？

……と、いかにも曖昧好きな日本人っぽい発想を、さもお手柄風に書いてしまった自分がこっ恥ずかしい。

104

駐車違反フルコース

先日、久しぶりに交通違反でキップを頂戴した。

罪名は駐車違反。ロケ中に便意をもよおし、近所のご立派なビルの便所を拝借してしゃがみこんでいる最中に、メロンパン色の服を着た民間監視員に写メられてしまったらしい。あと数ヵ月で5年無違反＝夢のゴールド免許という矢先の、文字通り運が漏れたような話だ。

もちろん悪事は悪事。仕事の手前、やってしまったことは激しく反省している。

でもさ、ものの10分ウンチに夢中で停めてたうちの、違反対象の5分キッカリ現認で即キップって、なんか情感なさすぎじゃね？

頭の中ではブツブツ言いながらも、うなだれて最寄の警察署に行くと、キップ担当の婦警さんがいぶかしげに問いただしてくる。

「これ、運転者の違反で処理してもいいんですかね」

そう言われても、こっちは窓に違反シール貼られたから出頭したわけで……。

するとその婦警さんはカラフルな、下敷き状の説明書を傍らから取り出してきた。曰く、運転者の違反か、使用者の違反かと――。

窓に貼られた駐車違反のシールを持って、その足で速やかに最寄りの警察署に行き「私が乗ってましたごめんなさい」と言えば、それは運転者の違反として処分される。減点2の反則金は1万5000円。チョークを引かれて黄色い輪っかをミラーに付けられていた昨年6月以前と、罰則の内容は一緒だ。

仮にそれを無視したとすれば、3週間後くらいに警察から手紙が届く。送付先は違反車のナンバーから割り出した、車検証上の所有者だ。要するに「誰が乗ってたかは知らんけど、あんたのクルマが放置されてた証拠はあるんやけ、あんたの責任で違反を処理してね」ということで、その場合は運転者や使用者の免許点数云々は一切関係なく、放置違反金として1万5000円が徴収される。たとえば今回の僕の場合、運転席側に貼られた違反シールをムーディ勝山ばりに左へ受け流し、3週間後に届く使用車違反の手紙を持って1万5000円さえ支払えば、免許には一切傷が付かず、ゴールドへの道が絶たれることはなかったわけだ。

……結局これって、金欲しいってだけの話じゃね？

釈然としないひとときを終えた数日後、近所の定食屋で夕メシをかっ込んでいたところ、ちょうどテレビでその話題をやっていた。見ていると、昨年6月以降、駐車違反の取り締まり件数のうち、運転者が警察署に出頭しての2点+1万5000円のフルコースをいただく人数が激減し、4分の1近くになっているという。それに対して当局は「ある程度想定していた」とコメントしているらしい。

もう色々考えるのもバカらしくなって思わずアジフライを1枚追加した翌日、それが小魚のくせに380キロカロリーもあると知る。いっそゴールド免許と体脂肪のない国に行きたくなった。

105

サイドウォールに気をつけて！

愛車のRX－7が車検を迎えたので、近所のマツダ店までホテホテとクルマを持っていった。

車検取得を契機にまたガシガシ乗り回すかなと、走る部分に関しての整備をキッチリお願いする。基本整備項目のエンジンオイルとブレーキフルードの交換に加えて、ラジエター水とミッションとデフのオイル交換。ロータリーはいい火花が大事だからプラグとバッテリーも交換で――と、ホイホイお願いしていたらそのお見積りはあっという間に20万円に達していた。

まったくクルマってえヤツは、諭吉を束で動員しないと維持すらままならない。

「……で、負からんの？」

当然の如く値切って、なんとか18万円台に収まりそうになった時、担当のセールス氏が言葉を挟む。

「ワタナベさん、タイヤはいいんですか？」

「そうそう、ウチはブリヂストンの仕切りが一番安いですから、ゼロワンアールなんかお勧めですよ
ゼロワンアール！」

間髪入れずにメカニック氏曰く。来店記念でもらったティッシュなんかが傍らにあったもんだから、なんだか催眠商法の事務所にでも来たような気分になる。タイヤ……ねぇ。

納車時から換えていない＝少なくとも5年は使い続けた僕の愛車のタイヤ。溝はまだ十分ある。が、タイヤはゴムものということもあって、距離を走らずとも空気に触れることで経年劣化は進んでいる。

経年劣化が進むと、メーカー名などが書かれているタイヤ側面＝サイドウォールにはコンマミリ幅

の細かなヒビや小ジワが入る。専門用語で「オゾンクラック」と呼ばれるそれを発見した時にはヒアルロン酸云々ですむ事態ではない。一刻も早く交換しないと重大な危険を招くことになる。路面温度が高くなるこれからの季節は、空気圧不足とオゾンクラックのコンボでタイヤが破裂したことによる事故や渋滞が例年後を絶たないので尚更に要注意だ。

「で、ゼロワンアール、なんぼ位で買えるの？」

ＲＥ－01Ｒ。一般車向けラジアルタイヤとしては恐らく世界最強のグリップ力を誇るブリヂストンのそれは、婦女子にとってのＳＫ－Ⅱにも等しいクルマ好きの憧れでもある。自分とは思えない鏡写り＝自分とは思えないコーナリングスピード。しかしそんな物騒な性能を引き出す腕前は、当然持ち合わせていない。

「んーと、この位かな」

メカニック氏が伝えたその値段は、激安通販店に対して４０００円ほど高いかなというものだった。それなら行きつけの焼き鳥屋を一度我慢すれば賄える。

「よし、買うた！」

苦節ン年。とうとう僕もポテンザ新品の男としてデビューを果たせたか……。

と、この時はまだ気づいていなかった。クルマにはタイヤが４本あって、差額の４０００円を４倍するのを忘れていたことを。

106

プレミオという和の世界

5〜6月は新車の発表や試乗が相次いで、手の皮が日焼けで剥けるほど外回りに精を出しまくった。箱根に行った翌日から2泊4日でアメリカに、戻った翌日に河口湖に行ったかと思えばその翌日から2泊4日でドイツにと。人生が時差ボケみたいなもんといっても、ここまで仕事まみれでグシャグシャになるとさすがに疲れが溜まる。CAのお姉さんならまだしも、成田のそば屋のオバちゃんに顔を覚えられてもやっぱりメートルが上がらない。

そんな最中に、新しくなったプレミオに乗った。トヨタの中で真ん中付近に属する、昔のコロナに該当するセダンといえばその立ち位置がわかりやすいと思う。

クラウン∨マークⅡ∨コロナ∨カローラ。

70年代あたまにトヨタがセダンのラインナップで敷いたヒエラルキーは、サラリーマンの世界観とうまく同調しながら世の中に溶け込んだ。部長がマークⅡに乗るなら課長の俺はコロナ以上はあり得ない……みたいなクルマ選びは、90年代前半くらいまでの日本でのセオリーだったわけだ。

そのヒエラルキーが崩壊し始めたのは90年代の半ばくらいではないかと思う。ミニバンやSUVがファミリーカーとして普及し、冠婚葬祭の場所にそれを使っても構わないというコンセンサスが成立したこと。そしてサラリーマンの世界にリストラや成果主義の風が吹き始めたこと。要するに、会社や他人の顔色を過剰に窺わなくても大丈夫という社会通念の変化が、盤石にみえたトヨタのそれにヒビを入れたわけだ。

そして、乗っているクルマの値段や馬力よりもＴＯＥＩＣや体脂肪の方がよほど出世に響く今日この頃。コロナはプレミオに、マークⅡはマークＸにと、トヨタは屋台骨を支えた車種にまで改名を迫り、時代への適合を試みている。しかし今や、仮にマークＸに乗る部長が佐藤浩市似だったとしても、その部下は総額４００万のエスティマを真顔で買える、そんなご時世だ。

その狭間を彷徨うプレミオは所有者の平均年齢がクラウンのそれをも上回り、60歳代に突入している。周囲が手を焼く高齢者市場に盤石な基盤を築くのはいいが、余りに巣鴨的なイメージがつくのもウマくない。一方で、オーソドックスな中級セダンを必要とする官公庁や法人の需要に応え……となれば、ボタンの大きさひとつをとっても、このテのクルマの作り方は難儀なものになる。

ちなみに高速道路を１００㎞／ｈで走るプレミオは、このクラスにしては呆れるほど静かで、ほっこりと柔らかい乗り心地で、あっちこっちを駆けずり回った体には足湯のようにじわーっと染みる優しいクルマだった。成田帰りの立ち食いソバよりも、むしろ日本の時計に立ち戻れる気がする。食にも勝る和のご都合が滲み出る、それをクルマで表現しているところが凄い。

107

武闘派シビック、復活！

インテグラ・タイプRの生産が終了し、ホンダからいよいよスポーツ系のモデルがなくなっちゃう……。

なんて話をこのコーナーで書いたのはちょうど去年の今頃だったと思う。

実はそれから1年も経たない去る3月に、3代目となるシビック・タイプRが発売されていた。タイプRの証である赤いHマークをハナに据えたからには、何人たりとも我の前を走らせぬ。そんな意気込みで調律されたシビックは、ガンダムで言うならさしずめシャア専用ザクみたいなもんである。

武闘派にしては控えめな空力部品がカタギにとっては好ましかったお歴々のタイプR銘柄に対して、今度のシビック・タイプRはランエボまがいの本棚みたいな大羽根が背負わされた。茨城県にある筑波サーキットでの激走は、このテのクルマの運動性能を測る上でよく引き合いに出される項目だが、このクルマは昨年生産終了したインテグラ・タイプRに対して「1秒のタイム短縮を狙った」とホンダが明言している。誰のために掲げたのやらワケがわからない、このコミットメントのためにはなりふり構っちゃあいられない。相変わらず狭いところにウケをとりにいった、まっしぐらなクルマである。

ベースとなったシビックセダンの優れた居住性や積載力はそのまま活きているから、件の羽根を除けば、このクルマの奥様ウケはそう悪くないかもしれない。速さのために施された軽量化は燃費にも効くだろう。

しかし忘れてはいけないのは、このクルマが物騒な目標を掲げた局地戦仕様だということだ。セダンのナリはどこへやら。自転車かと思うほどの乗り心地に普段は閉口させられる。

今日びはスポーティなクルマとて、快適性も満たしていなければお客さんに幅広く受け入れてもらえない。フェラーリやランボルギーニですら乗り心地は多少は配慮している。なのにシビック・タイプRときたら、ナンバーとクーラーついとるだけマシやろと言わんがばかりの吹っ切れぶりだ。

このクルマを手掛けた責任者は、恐らく僕と3つくらいしか変わらない方だ。ホンダのサイトにあるホームページをみると、その若い氏を始め、開発を手掛けたエンジニアたちの濃ゆい裏話がビッチリと書き連ねられている。カツカレーに角煮を載せたような、婦女子嘔吐必至のそのギットリ感に、好き者は思わず自分が筑波サーキットを走るひと時を恥ずかしげもなく思い浮かべてしまうだろう。

徹底的にシバキ上げられたシャシーに載った、間違いなく世界一美味しい2ℓエンジンをブン回す。その絶頂感を思えば、普段の乗り心地なんざ自転車なだけマシ。このクルマとお客さんの間には、そういうビリーズ入隊的なツンデレの連帯感が成立している。ホンダにそんなクルマが戻ってきたことが、心底めでたい。

108

「四駆」のメリット

伊勢から熊野古道を抜けて、大阪まで。先だって発売されたメルセデスの新型Ｃクラスで、一気に１５００km近くを走ってきた。

自動車専門誌の取材だったので詳細はここでは書けないけれど、一言でいえば新型Ｃクラス、メルセデスの総力戦という感じの強烈なクルマだ。やっぱベンツがマジ切れするととんでもないもんつくるわと、久々に素直に降伏させられた。

と、その取材の際に、スタッフや撮影機材を載せる伴走車となったのがトヨタのエスティマ・ハイブリッドだ。どっさりの荷物を載せた3人乗車の大ぶりなミニバンが、平均11km／ℓ近い燃費をマークする。高速道路で12km／ℓ超の燃費を記録したメルセデスの3ℓＶ6エンジンも立派だが、運べる容量のデカさを考えるとやはりこのクルマの効率の高さは凄いと思う。

でも、エスティマ・ハイブリッドでもうひとつ驚くべきは走行時の安定性の高さにある。あんなナリにして、雨の高速道路も安心して走り続けることが出来る、その要は前後の車輪にモーターを設けた半電動ともいえる「四駆」システムだ。これに各車輪を独立制御するブレーキシステムを組み合わせるなど電子制御を駆使しまくった結果、現在の市販車の中でももっとも進んだ安全性を得ている。

ところで四駆って、普通のクルマに比べるとそんなにいいもんなの？　とお思いの方もいるだろう。

現在の殆どのクルマが用いている駆動の方式は「ＦＦ」と呼ばれるものだ。それはフロントエンジン・フロントドライブの略で、運転席の前にエンジンを積み、前輪を回してクルマを走らせる仕組みになっている。動くために必要な具の殆どがボンネットの中に収まるため、同じ床面積＝大きさでも居住空間が広く採れるという特徴に加えて、運動特性的には直進性が強く現れるという点も日常使うクルマとして都合がいい。

対して一部の中〜大型車が用いる駆動方式が「ＦＲ」、即ちフロントエンジン・リアドライブとなる。前輪が駆動しないためハンドルに余計な力が加わらず、操作感が上質になるのが大きな特徴だ。また、運動特性的には後輪駆動の方が曲がりやすく、大きなパワーもすんなり受け止めてくれるということもあって、スポーツカー的なクルマにも多く用いられている。メルセデスやＢＭＷ、ジャガーやレクサスといった高級車や、フェアレディＺのようなクルマが軒並みＦＲを採るのはそういう理由だ。

万能ではないにせよ、四駆はその2つの駆動方式のメリットをうまく兼ね備えるという効果がある。問題は重量増や価格増による燃費やお財布へのダメージだが、昨今の四駆は雪道や泥道のためだけでなく、直進性や危機回避能力向上という平和的利用に用いられてもいるという話は、クルマ購入の際に頭に入れておいて損はない小ネタだと思う。

109

ジャガー再起動

なんで人がそっちに行くっていう前日に、わざわざコトを起こすかねぇ……。

そう嘆きながらヒコーキに乗って降り立ったのは、国を挙げて「クリティカル」な態勢に入ったばかりのロンドンだった。

思えば9・11の時もそうである。10日後に控えた出張はいくらなんでも飛ぶだろうと思っていたら「OKみたいだから一緒に行きましょうね♪」と、ヒコーキが飛ぶことを喜んでいた鬼畜は文春の編集者だ。以来、出入国に関しての鬱陶しい事態は、好んで僕につきまとっている気がする。

「普段となんにも変わらんよ。ロンドンの人は爆弾慣れしとるからね」

たぶんIRAとの紛争時代も経験しているだろう、年のいったタクシーの運転手は、面倒な入国審査を終えたばかりの僕にんまぁ物騒なことをおっしゃる。

その昔、シルクハットを被ったまま乗れるようにと背高にデザインされ、タクシーの形状はこれとお上に決めつけられたまま不細工なカッコで作られ続けているロンドンタクシーは、今やまりもっこりの如く彼の地の名物だ。とはいえ時と共にデザインは微妙に変わるなどしており、現在は3～4タイプのボディが道端で見掛けられる。

そのうちの、一番新しいTXシリーズをかつて担当したというデザイナーと、ロンドンの街中で食事をする機会があった。歳は30半ばという若い彼は、その後ランドローバーやアストンマーチンで経験を積み、現在はジャガーに所属している。キャリアを聞けば、青春の一切合切をハリスツイードで包み込んだMr.ならぬJr.ビーンみたいなところを想像するわけだ。が、出逢ってみれば彼は、イタリア調の細身のスーツと靴を着崩し、金髪頭を軽いモヒカンでまとめた、さしずめ遅刻した町内のベッカムといった風情だった。

「今年の東京モーターショーの時には原宿行きたいんですよね、ハラジュク！」

これのどこがクリティカルな夜なのだろう……と思いながら彼と箸、もといナイフをゴシゴシすすめる。が、どうやら原宿マニアらしい彼が途中で漏らしたひと言は、僕の入国の苦労をちょっと和らげてくれた。

「ジャガーってイギリスの古臭い伝統を引きずっているってイメージがあるでしょう？　今、それを打ち破るような仕事が求められてるんですよ。特にその伝統を知る、僕らのような者にしか出来ないやり方でね」

リノベーションされたイギリスの文化は今、様々なジャンルでちゃんと商売のド真ん中にいる。そしてそこにジャガーが乗り遅れているのも確かだ。伝統というエッセンスを絞り出し、それを新しい器に盛ってみせる。ジャガーはその役割をどうやら彼のようなどえらく若い開発陣に託したのだろう。まったく新しいそのジャガーが世にお披露目されるのは、たぶんこの秋になるのだと思う。

110

大人気！　フィアット500

テロの危機レベルが最大という割には、あんまり緊張感のなかったロンドンを経由して、イタリアのトリノという街に行った。

トリノにはフェラーリやアルファロメオ、マセラティやランチアといった錚々たるイタリア車メーカーを束ねるフィアットの総本山がある。もちろん自身もクルマをぎょうさんこしらえていて、僕がそこに足を運んだのはそんな彼らの新型車を取材するためだった。

500と書いてチンクェチェント。そして英語でいうところのニューはヌオーバ。すなわちヌオーバ・チンクェチェント＝新型フィアット500は日本でも有名なクルマの、いわばリバイバル版だ。ルパン三世の劇中で一味が乗るちっこいヤツ——といえば、思い浮かぶ人も多いと思う。

フィアット500はイタリアの自動車文化を一番根っこのところで支えてきた典型的な国民車だ。4人が乗るためのギリギリの大きさを最小限のエンジンで動かすというミニマルな発想や、軽さと強さを両立させるための丸っこいデザインなどをみるにつけ、日本でいえばカローラよりもスバル360がそれに近い。

この7月4日は、そんなフィアット500が生まれてちょうど50年になる。その日を選んでの新型発表イベントは、もう国を挙げての乱痴気騒ぎだった。

僕も含めて招かれた各国マスコミや各種セレブ様は約7000人。集められた川っぺりの特設会場で、夜中の12時過ぎても万発単位の花火はブッ放すわ、なぜかローリン・ヒルが唱いだすわの中、延々と大袈裟な出し物が繰り広げられる。聞けばイベントの演出を担当したのはトリノ五輪の開・閉会式の総合演出を担当した人らしい。

その様子はキー局がイタリア全土に生中継で放映し、翌朝の全国紙にはデカデカと始終が掲載されていた。ルカ・モンテゼモロといえば今やフェラーリの社長どころではなくフィアットグループの総帥にして絵に描いたようなイタリアのチョイ不良《ワル》だが、この調子じゃあ真面目に次期首相なんじゃあない？　というくらい、イタリアが持てる力を振り絞ってその新しいフィアットの誕生を祝っている。

そしてその日、取材のために借り出した新型フィアット500は、トリノの街中で収拾がつかないエコバッグ状態の群衆を集めてしまった。撮影の傍らで老若男女が勝手に乗り込んではボタンをいじり回し、勝手にボンネットを開けてはエンジンの排気量についてあーだこーだとイタリア語でくっちゃべっている。勝手に荷室側に陣取るのは買い物帰りのオバちゃんたちだ。

もう帰るんで……なんてとても言い出せなさそうな雰囲気。でも言わない限りは無政府状態で築かれるとんでもない人垣。クルマを守りながら命からがら逃げ出して、その道すがらに思った。こっちの方がよっぽどテロやないかと。

111

デュアリスで生き延びたい症候群

中越沖地震の報道をみながら、3年前に買った中古車のことを思い出した。レガシィグランドワゴン。スバルといえば四駆、四駆といえばレガシィの、車高がグンと上がったワゴンだ。

なんでそれ買うたん？

といえば、一番の動機はやはり中越地震の惨状を報道でみたからだと思う。

そこら中、地割れだらけの中を脱出する道具として、果たしてウチのRX－7はナンボか役立つことあるだろうか。いや、ない。

家で酒でも舐めつつ、ついでにむせるように煙草を焚きながら、テレビの前で生き延びる方策をクルマ頼りにする不謹慎な男。地震の前に自身の不摂生で死ねそうなダメ動物なりに、その時は必死だった。

地震で出来た地割れのようなシチュエーションで一番強いクルマはなにか。

凹凸を亀の子にならず乗り越えるために何より重要なのは、地面からクルマの床までの高さ＝最低地上高が高いこととなる。加えて車重が軽く、タイヤの径が大きいことも重要だ。タイヤの横側が裂け目に触れた際にサクッと切れることも考えられるため、きちんとしたスペアタイアを積んでいるに越したことはないだろう。そして出来れば駆動力が常に前後輪に掛かり、しかもその駆動配分が固定できる四駆……となれば、スズキジムニーなんかが鉄板銘柄として思い浮かぶ。

しかしジムニーは震災グッズとしてひとつ弱点がある。軽自動車ゆえ室内長が限られており、足を伸ばして寝ることが難しい。ご存じの通り、中越地震で車中を避難場所とした人たちの間で問題になったのはエコノミークラス症候群だ。後席を倒せば約1・8mと、大男がギリギリ横になれるフラットな荷室が出来上がる。レガシィを選んだ最大の理由はそれだった。

が、喉元すぎればなんとやらで、ほとぼりの冷めた僕はそのレガシィを知人に譲り、小さくて車高の低いマニュアル車をのんきに2台乗り回している。

そんな丸腰の最中に、出張続きでなかなか機会のなかった日産デュアリスに初めて乗った。周囲の同業者の評判がすこぶる良く、特にアシの出来が抜群と散々吹聴されていたクルマだ。

確かに乗り味はえらくいい。日本車離れしているというか、同門のルノーに乗っているようにふわりと衝撃をいなしてくれる。最初はまったく理解できなかったデザインも、リスのような前歯2本系の動物のように愛らしく思えてくる。

が、今の僕的には乗り心地よりもデュアリスが持つ一方の機能が気になった。自称都会派ながらナリはオフロード風情というそれには、エクストレイル譲りの割としっかりした四駆を搭載したグレードがある。

もしかしてお前、地震でもいけるクチなんちゃう？　……と、ケータイの画面を懐中電灯代わりにして暮らす男に期待されてもクルマ的にはいい迷惑だろう。

112

クルマは減量してるのに……

また今日もジャポネを食らってしまった。

ジャポネは懐かし風味の炒めパスタ、いやスパゲティを供する有楽町の小さな飲食店で、日々B級やデカ盛りマニアが行列をなす有名どころだ。メタボ腹には猛毒同然だが、そういうもん好きゆえのメタボリストゆえに禁断症状も酷い。で、つい足を運ぶと、堪え性のないメタ友の同志たちがありえない量の炒めスパをワシワシと食っているものだから気が緩んでしまう。

とにかく旨い。食ってる間はここが万景峰号の船内でも構わないと思うほど旨い。が、食い終わって船外へと放たれると、なんかの間違いでよど号に乗ってしまったかのような絶望感にさいなまれる。五右衛門風にいえば「またつまらぬものを食ってしまった」という感じ。カツカレー然りかき揚げそば然り。要するに僕の舌的に旨くてやめられないものとは、kcalが無法に高いということだ。

大きく重くなるのは朝飯前だが、小さく軽くなるのは晩飯を抜いてもおっつかない。それはクルマとて一緒である。そんな中、新しいマツダデミオは一気に約100kgの減量に成功した。

軽さを競う。これは間違いなく今後の業界のキーテクノロジーだ。運動性能の向上と衝突エネルギーの軽減、燃費や運送効率の向上に加え、キロなんぼの鋼材を使った塊をこしらえる身にしてみれば原材料高騰の折、原価低減にも比例する。

百利あって一害なし。それをデミオは開発の最初から織り込んだ。絶対に太らせない。個々の部品でグラム単位の軽量化を施し、それの積み重ねで10万ものグラム減に辿り着かせたわけだ。技説書にはラジオのスピーカーの材料と構造変更で0・98kg減などと、誰がそれを知って喜ぶねんというような細かい数字が誇らしげに並んでいる。

スーパーの軒先でプリン体カット発泡酒の成分表示をじいっと見続ける、日曜の短パンオヤジのように諸々の減量データを吟味した後に乗った新型デミオは、確かに何もかもが軽さのおかげという飄々としたフットワークをみせてくれた。試せたわけではないが、クラストップ級に躍進した燃費は恐らく普段使いでも他車よりは少ない誤差に収まるだろう。物理的な軽さはそういうところにこそ大きく影響する。RX−8も手掛けたデザイナーの作ったカタチはこのクラスにしてはかなり面の抑揚が効いた力作で、そりゃあ菊地凛子の鼻っ柱もズンズン上がってまうわというものだった。

国内は新車が売れないといわれつつも、デュアリスといいデミオといい、頑張っとるわクルマ屋さん。

と思いつつ、せめて立ち食いそばに乗せるかき揚げをきつねにするとか、ジャポネはインディアン禁止とか、そういう二桁kcal単位のマイナスを地道に積んでいこうと自らを叱咤する、それがどうやら、ぼくのなつやすみってことで。

113

哀愁のカーステ

家でグダグダと原稿を書いている最中に「阿久悠急逝」の報は入ってきた。

僕が流行歌というものに興味を持ち始めた頃から、テレビをみれば作詞のテロップには、必ずといってもいいほどその名前が入っていた。大人になって、ふとラジオから流れる歌を聴き返してみても、どうすりゃあこういう言葉の繋ぎ方を思いつくわけ？ と、文字書きの切れっ端にいる者として感心させられた。特に語りかけ系の詞は凄い。ともあれ僕の中では安井かずみと並ぶ昭和の天才だ。

本当は街のレコード屋か小料理屋にでも行って、しみじみしている客の輪に加わりたいが、抱えた〆切まではしみじみしてはくれない。仕方なくiTunesにアクセスし、阿久悠物件を片っ端からダウンロードする。翌朝はそれを抱えて、仕事先の馴染みの山奥にクルマで向かった。

昨日までは同じ山奥からの帰りに、眠気覚ましにレッチリとかアギレラとかを血まなこで聴いていた車中が全開のピンク・レディーや都はるみで満たされる。不思議だが、ちょっと新鮮な気分だ。渋滞の首都高から望む景色を上京した頃のそれと頭の中ですり合わせながら、時の移ろいに想いを馳せたのは、まさに沢田研二の「時の過ぎゆくままに」を聴いている時だった。

クルマの中こそ最良のリスニングルームという人は多い。車窓に映る景色は、隠し味として音楽の印象を俄然高めてくれる。もちろん、そこでしか大音量で音楽が聴けないという住宅事情も裏にはあるだろう。

そういえば僕の周囲にも、愛車のオーディオに200万くらい突っ込んじゃった♡という猛者がいた。そんなカーステを買ったらクルマがついてきたみたく壊れた人々の話は別としても、昨今の高級車などはその付加価値を高めるために、車載オーディオをホームオーディオのメーカーと共同開発していたりする。たとえばレクサスのマークレビンソンやアウディのB&Oといった辺りは、何十万もの余計なお金を払ってでも装着したいというお客さんがいるわけだ。僕が最近聴いた中では、スカイラインにオプション設定されているボーズのヤツがえらく音が良かった覚えがある。

……とまぁ、自分の車中で阿久悠アワーを愉しんでいたわけだが、しばらくすると耳に疲れを覚えるようになった。なんでだろう？　と考えてみると、今まで阿久悠作品をこれほど鮮明な音で聴いたことがないという違和感が原因——と思い当たる。当時の我が家にあった、一個しかスピーカーのついてない粗末なテレビやラジカセでは、目の前で唾を吐かれているような、はるみのコブシの臨場感は体験できなかったわけだ。

早速カーステをイジって、必死でAMラジオっぽい想い出の音質に近づけようと努力する僕。そういう努力を積むようになった自分の齢を、改めて実感した。

114

渋滞ずんずん調査

僕が世間の暦を知るのはえてして自動車メーカーの休業案内だったりする。それが今年はあらかたのところが「8月11日から19日まで」となっていたので、すっかり油断していた。

8月10日金曜日。撮影で箱根に向かう僕の前に立ちはだかったのは、20キロに迫る大渋滞。既に東名高速は夏休みの時差出勤だったわけである。なんの用心もせずオンタイムで着くように家を出たものだから、この時点で遅刻は確定だ。

慌ててイアホンを繋いで遅れる旨のごめん電話をかけたあと、うなだれながら考える。さて、3つのうちのどの車線にいようかと。

こういう時、僕は条件反射的に追い越し車線の方に入ってしまうのだが、近頃は普通に考えると一番遅そうな左の車線が実は一番よく流れる——という説もある。まぁ、こんな機会もそうはないし、ここはいっちょ体を張って確かめてみようということで、真ん中の車線に居座っての勝手にずんずん調査は始まった。

左右を走る珍車や社名入りトラックなど、めぼしい目印を基準にしながらジリジリと渋滞の中を進む。車載の外気温計は42度を示していた。歩くよりはましという有り様。こういう状況で前方が一寸空いたからとアクセルをドン踏みしてフル加速するのは、実はクルマにとってかなりよろしくない。水温も油温もカンカンに高まっているところでの急な大負荷はエンジンを確実に痛めることになる。

真ん中にいて左右の車線をみていると、幾つか特徴があることに気がついた。普段は一番速度域の高い右車線は、運転に自信のある人が居座る場合が多い。ゆえに渋滞でジリジリと進む間も車間がしっかり詰まっている。つまり、車線内のクルマ密度が四六時中、最も高いということだ。そのぶん加減速の頻度も高い。

反対に、左車線は渋滞の流れの中でも車間がやや長い。そして長距離トラックやトレーラーなどの大型車が多く走っている。わざわざ左に車線変更して大型車の間に入るドライバーも少ないから、右車線が停まるほど詰まったような状態でも、じわーっと流れていたりする。特にサービスエリアの入口や高速の出口が近づくとその差は顕著で、さっきまで横にいたクルマが随分先の方にいったりするわけだ。逆に右車線は、その先の高速入口に備えて左から車線変更するクルマを入れまいという集団心理が働いて、車間がギチギチに詰まるぶん、ブレーキランプの点滅が多くなり、かえって流れが滞ってしまう。

でも、厚木の手前で渋滞が解消した時に左右を見回してみると、マークしていた左右のクルマたちは見事に僕の視界の中にいた。結果的に、どこの車線にいようが目的地までの早さに大差はない。それは場慣れしたクルマたちが慢性渋滞を形成する平日の首都高でも散々体験していることだ。その話はまた今度にでも。

渡辺敏史（わたなべ・としふみ）

1967年福岡・小倉生まれ。二輪・四輪誌の編集経験を経て、フリーランスの自動車ジャーナリストに。『週刊文春』の連載企画であった「カーなべ」は、自動車そのものだけでなく、クルマを切り口に世相や文化を鮮やかに一刀両断する読み物として人気を博した。ユーモアたっぷりで当意即妙、小気味よいほどにキレのある文章は各方面で人気を集め、専門誌、一般誌、ウェブ問わず幅広い媒体で活躍中。「カーグラフィック」「モーター・マガジン」「カー・マガジン」「ベストカー」「エンジン」「ル・ボラン」など寄稿多数。

カーなべ　上巻

2015年1月31日　初版発行

著者　渡辺敏史

発行者　加藤哲也

発行所　株式会社カーグラフィック
〒153-0063
東京都目黒区目黒1-6-17目黒プレイスタワー 10F
電話　代表：03-5759-4186　販売：03-5759-4184

印刷　株式会社光邦

デザイン　アチワデザイン室

Printed in Japan
ISBN978-4-907234-06-5